JN006812

全体観をつかむ 多変量解析

吉田耕作 著

共立出版

Holistic Approach to Multivariate Statistical Analysis

はじめに

　この本は大学の経営学部，経済学部，商学部等の文系の学部で，拙著『直感的統計学』（2006 年，日経 BP 社）およびそれと同等の入門レベルの統計学を学び，大学院のビジネススクールで修士課程または博士課程でもう少し高度な統計学を学ぼうとする人々のために書かれたものである。『直感的統計学』に関しては，全国の多くの統計学のクラスで使用されてきた。読者や全国の統計の先生方に感謝申し上げたい。

　2013 年に西内啓氏の『統計学が最強の学問である』（ダイヤモンド社）という著書がセンセーションを起こして，統計学がにわかに脚光を浴びて以来，ビジネスマンの間で統計学に対する関心が急激に高まったように感じられる。いろいろな企業等で統計のクラスが設けられているのは誠に喜びに堪えない。このような現状にかんがみ，私の所属するジョイ・オブ・ワーク推進協会でもオンラインの統計塾を始めたところである。

　特に最近では，いろいろな分野でデータを収集する能力が急激に高まり，AI（Artificial Intelligence）を用いたり，ビッグデータといわれるような大量のデータを統計的に処理し企業の経営に役立てることが増えてくると，それに対応するために多変量解析を学びたいと志望する人も多くなってきた。しかしながら，多くの多変量解析の本の著者は理系の出身者で，理系特有の表現が数多く出てきて，文系出身者には多少なじみにくい感がある。

　元々，私は学部では会計学を中心に勉強し，もう少しファイナンスを勉強しようと思い米国に留学したのだが，ファイナンスの論文ではやたらと統計学が出てきて，理解に苦しむことが多かったし，米国では日本とはくらべものにならないくらい統計学の盛んな国であるということに気が付き，いっそのこと統計学を博士課程で勉強しようと，ニューヨーク大学の博士課程で統計学を専攻することになった。『直感的統計学』の序文でも書いたように，ニューヨーク大学では幸運にも品質管理の「デミング賞」で高名なデミング博士に学んだばか

りではなく，米国で一世を風靡した「デミングセミナー」でデミング先生の助手を務めさせていただいた。また，もう一人，「ゲーム理論」の創始者として高名なオスカー・モルゲンシュテルン博士の指導を受けたことは私の誇りに思うところである。

こういう私の経歴のゆえでこの多変量解析の本は，ほかの多くの多変量解析の本とは大分異なる内容となったのではないかと思う。しかしながら，いずれにしろ，この本は多変量解析の本である。したがって最小限の行列や偏微分は避けられない。これらの基礎数学は第4章で説明しているが，この一つの章だけでは十分ではないと感じる読者はそれぞれに基礎数学をもっとやさしく丁寧に説明してある参考書で勉強していただきたい。私は統計学を極めた碩学ではないし，統計に特別の才能のあるものでもないが，一つだけ統計の学徒にお勧めしたいのは，統計を本当に勉強したいのであれば，あまり先を急いではいけない。山を登るときは勾配の急なところを登るのではなく，スロープを緩やかにして，山を巻くようにして登るのがよい。これが一つだけ私が長年守ってきたルールである。

この本の作成には長い月日がかかっており，共立出版編集部の菅沼正裕様および編集制作部の野口訓子様による微に入り細にわたる助言および修正が施され，現在の形になりました。ご両人には大変お世話になったことを記して感謝の意を表したいと思います。

2023年3月
吉田耕作

目 次

回帰分析 (I)

1.1 はじめに

　拙著『直感的統計学』の第 15 章がこの章と同じである。本書ではそれを前提として，多変量解析の話に入ろうというわけである。

　まず，この章では 2 つの変数を含むデータが与えられているとき，それらの変数の関係を学ぶ。一度この関係が決定されれば，1 つの変数を知ることにより，もう 1 つの変数を推定することができる。そして，この数学的な関係を予測に用いることができる。たとえば予算を作成するとき，もし売上高がわかれば，全費用が推定できる。また，マクロな日本全体の個人消費と総所得とは関数関係があるので，総所得がわかれば，マクロな個人消費を予測することができる。また，ある業界全体の需要予測が発表されれば，その業界に属する特定の会社の売上を，数学的な関数関係を用いて予測することができる。風が吹いたら桶屋がもうかるのかということもテストできる。

　回帰線の 1 つの応用として，損益分岐点を求めることができる。あとで具体的な問題が出てくるが，ここではその概念に関して少々説明しよう。企業は一般に，より多くの利益を上げることに努力しているが，利益を上げるためにはある一定以上の売上を達成しなくてはならない。売上を挙げるためには，費用がかかるが，費用には変動費と固定費がある。変動費は売り上げが伸びるとそれにつれて増えるもので，たとえば，原材料費や仕入れ原価などがある。これに対して，固定費は売上の量の如何にかかわらずかかるもので，事務所の賃貸料や固定資産の減価償却費等がこれにあたる。したがって，どのくらい売上があれば収支がとんとんになるのかを知ることが重要になってくる。

　総売上 − 総費用（つまり，固定費 + 変動費）= 0 の点を損益分岐点といい，その点まで売上が達しないと損失が発生するし，売上がその点を超えると利益が出はじめる。図で示すと図 1.1 のようになる。

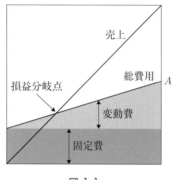

図 1.1

　米国で成功した企業は，ガレージから始めたものが少なくない。ガレージから始めたのに成功したのではなく，ガレージから始めたから成功したのである。その本質は固定費をできるだけ切り詰め，ほとんど変動費のみで営業できるという利点である。そうすると，損益分岐点が非常に低くなり，わずかな売上によって利益が出てくるので，特にビジネスを始めたばかりのときのように資金繰りに苦しいときには有効である。生存をかけて必死にがんばっている，特に現在の中小企業においても，固定費の流動化によってコスト削減を図ることが手始めとなる。固定費というのはそもそも基本的な経営方針によって決定される。つまり，新しい事務所を建てるのではなく賃貸にする，または最新の設備を買うのではなく中古品を導入する，などである。

　ところが問題は，扱う製品が複数あったり，事務所も何か所かにあったりすると，費用項目別にこれは固定費だ，これは変動費だと分けるのが非常に難しくなり，わかるのは総売上と総費用だけということになる。しかも実際に帳簿から得られたデータはばらつきがあり，わかりやすい数字は得られない。そこで総売上と総費用を 2 変数として，毎月あるいは毎年の帳簿に基づいてプロッ

トしてみると，これらの2変数の関係から図1.1のAのような回帰線が得られる。この方法によって，会社全体で収支とんとんになる損益分岐点はどのくらいかがすぐにわかり，大変役に立つ。

以後，この章を通して例題1.1を用いて説明を進める。

例題1.1

次のデータが与えられている。

売上	(X)	1	2	3	4	5
総費用	(Y)	2	4	3	5	4

(単位：億円)

(a) 散布図を作成しなさい。

(b) 最適な回帰線を求めなさい。

(c) この回帰線を用いて，売上が3.5億円のとき，予期される総費用を求めなさい。

(d) このモデルを用いて予測したときの予期される誤差はいくらか。

(e) この2つの変数はどのくらい密接に関連しているか。

1.2 散布図

2つの変数の関係が全くわからないときは，データをX軸，Y軸で表された平面図上にプロットしてみるとよい。そうすると2変数の関係が基本的には直線的な関係を示すかどうか，またその関係はどのくらい強いのかがわかる。1つの変数がわかっているときにもう1つの変数を予測したい場合，たとえば，上記のように売上がわかっているときに総費用を推定したい場合，既知の変数（ここでは売上）を**独立変数**あるいは**説明変数**といい，X軸にとる。推定されるほうの変数（ここでは総費用）を**従属変数**あるいは**被説明変数**といい，Y軸にとる。例題1.1のデータをこの平面図にプロットすると図1.2のようになり，これを**散布図**という（これが例題1.1(a)の答えである）。

図1.2から売上高と総費用の関係は，基本的には売上高が増えれば総費用も

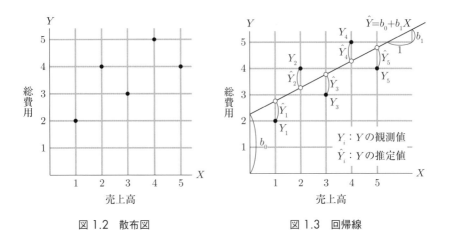

図 1.2　散布図　　　　　　　　　　図 1.3　回帰線

増えるということが読み取れる。簡単に言うと，回帰分析というのは，2 変数の関係を回帰線とよばれる適合性の一番よい線で表し，それに付随した分析を行うことである。

　適合性の一番よい線が，すなわち回帰線である。回帰線の正確な意味は後で説明する。回帰線を見つける簡単な方法は，散布図上のそれぞれの点から Y 軸に平行な線を回帰線に引いたとき，回帰線の上側にある点から回帰線までの距離を正の距離，回帰線の下側にある点から回帰線までの距離を負の距離と見なし，それを全部加算したとき，合計がゼロになるような線である。すなわち，図 1.3 のように全体の点のうち，だいたい半分が回帰線の上側になり，半分が下側になるような線である。

　回帰直線は $\hat{Y} = b_0 + b_1 X$ という式で表される。$\hat{Y}$ を「Y ハット」といい，Y の推定値を表す。ここで与えられたデータから数学的に回帰線を求めるのだが，それはつまり，回帰直線と Y 軸との切片である b_0 とスロープ（傾き）の b_1 を求めるという意味である。この b_0 と b_1 を**回帰係数**という。数学的に得られた線は，図 1.3 のように図上で直感的に求められた直線とあまり違わないはずである。

　グラフを用いることにより，X と Y の 2 変数の概算的な関数関係が得られるばかりでなく，b_0 や b_1 の概算値も視覚的に得ることができる。図 1.3 の場

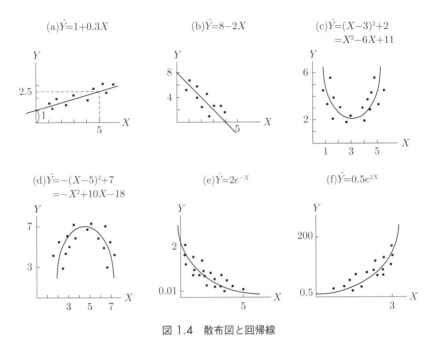

図 1.4　散布図と回帰線

合，$\hat{Y} = b_0 + b_1X$ の Y 軸との切片は約 2 であり，スロープは約 0.5 だと見当をつけることができる。したがって，グラフから直感的に得られる回帰線の式は $\hat{Y} \approx 2 + 0.5X$ であるということが概算的にいえる。もしもグラフから直感的に得られた回帰線の式と数学的に計算した式が著しく異なる場合には，計算をもう一度チェックする必要がある。こうすることにより，大きな過ちを簡単に避けることができる。

　例題 1.1 は直線的な関係を表しているが，2 変数の関係には色々な関係が考えられる。図 1.4 はいくつかの典型的な関数関係を図に表したものである。

　ここでは説明変数が 1 つの回帰直線（単回帰直線）のみの場合を学ぶ。すなわちこれが最も簡単で応用範囲の広い回帰線だからである。

1.3　回帰方程式

■ 最小二乗法

散布図が与えられているとき，これらの点に最もよく適合する直線の方程式は，数学的には，最小二乗法によって得られる。この最小二乗法によって得られた Y の推定値 $\hat{Y}$ は次のような特性を持つ。

第一に，回帰線によって推定された Y 値（$\hat{Y}_i$）と観察された Y 値（Y_i）の差（**残差**という）の総和はゼロである。すなわち，

> 第 1 の条件 　　　$$\sum (Y_i - \hat{Y}_i) = 0$$

第二に，残差の 2 乗の総和は第 1 の条件を満たす線の中で最小である。すなわち，

> 第 2 の条件 　　　$\sum (Y_i - \hat{Y}_i)^2$ が最小

最適な直線を見つけようとするとき，第 1 の条件を満たす直線は複数ある。例題 1.1 の場合，図 1.5 で示される 2 つの直線はどちらも第 1 の条件，つまり，$\sum (Y_i - \hat{Y}_i) = 0$ を満足している。すなわち，正の残差と負の残差が相殺されて，残差の総和はゼロとなる。しかし，残差の 2 乗の総和を計算すると図 (b) は図 (a) と比べて，$\sum (Y_i - \hat{Y}_i)^2$ がはるかに小さいことが感じとれる。なぜか

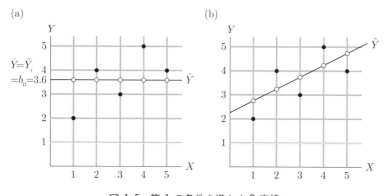

図 1.5　第 1 の条件を満たす 2 直線

と言うと，図 (b) では残差はだいたい同じ程度の大きさだが，図 (a) では残差の大きさがバラバラで大きな残差を 2 乗すると非常に大きな数字になるので，$\sum (Y_i - \hat{Y}_i)^2$ も非常に大きくなる。最小二乗法では 2 乗の総和が最も小さいものが最適であるという価値基準を用いているので，この場合，図 (a) ではなく図 (b) が最適であると判断されるのである。すなわち，最小二乗法とは残差の 2 乗の総和を最小にする方法なので，残差の値に大小のばらつきがあるよりもだいたい同じぐらいの残差であるほうが選ばれる。

■ 正規方程式

回帰式（回帰方程式）が次のように表されるとき，

$$\hat{Y} = b_0 + b_1 X \tag{1.1}$$

先述の第 1 および第 2 の条件を満たす回帰係数 b_0 および b_1 は，次のような正規方程式といわれる連立方程式を解くことによって得られる。

$$\begin{cases} \displaystyle\sum_{i=1}^{n} Y_i = n b_0 + b_1 \sum_{i=1}^{n} X_i & (1.2) \\[2ex] \displaystyle\sum_{i=1}^{n} X_i Y_i = b_0 \sum_{i=1}^{n} X_i + b_1 \sum_{i=1}^{n} X_i^2 & (1.3) \end{cases}$$

これを解くために表 1.1 のような計算表を作成する。

表 1.1

(1) Sales X_i	(2) Total Cost Y_i	$(3)=(1) \times (1)$ X_i^2	$(4)=(1) \times (2)$ $X_i Y_i$
1	2	1	2
2	4	4	8
3	3	9	9
4	5	16	20
5	4	25	20
15 $\sum X_i$	18 $\sum Y_i$	55 $\sum X_i^2$	59 $\sum X_i Y_i$

表 1.1 の 1 列目と 2 列目の数字は例題 1.1 のデータである。3 列目の数字は 1 列目の数字を 2 乗して得られる。4 列目の数字は 1 列目と 2 列目の数字を各行ごとに掛け算したものである。またデータの数は 5 なので $n = 5$ となる。これらのデータを式 (1.2) および (1.3) に代入すると，次の連立方程式となる。

$$\begin{cases} 18 = 5b_0 + 15b_1 \\ 59 = 15b_0 + 55b_1 \end{cases}$$

これを解くと，$b_0 = 2.1$，$b_1 = 0.5$ となる。

したがって回帰線は，

$$\hat{Y} = b_0 + b_1 X = 2.1 + 0.5X$$

となる。つまりこれが最適な直線であり，例題 1.1(b) の答えである。この式から，

$X = 0$ のとき，$\hat{Y} = 2.1 + 0.5 \times 0 = 2.1$

$X = 1$ のとき，$\hat{Y} = 2.1 + 0.5 \times 1 = 2.6$

$X = 2$ のとき，$\hat{Y} = 2.1 + 0.5 \times 2 = 3.1$

$X = 3$ のとき，$\hat{Y} = 2.1 + 0.5 \times 3 = 3.6$

$X = 4$ のとき，$\hat{Y} = 2.1 + 0.5 \times 4 = 4.1$

$X = 5$ のとき，$\hat{Y} = 2.1 + 0.5 \times 5 = 4.6$

したがって売上高が 3.5 億円のときは

$$\hat{Y} = 2.1 + 0.5 \times 3.5 = 3.85$$

となり，総費用の推定額は 3.85 億円となる。これが例題 1.1(c) の答えである。このように回帰線は X の値が与えられているときに Y の値を推測（予測）するために使われる。

1.4　回帰線のまわりの標準誤差

回帰直線を用いて，X の値から Y の予測をするとき，どのくらいその予測が正

確かを測る 1 つの尺度が**標準誤差**（標準偏差）であり，Se (standard error) で表す。前述したように，Y の観測値 (Y_i) と Y の予測値 $(\hat{Y}_i)$ との差 $(e_i = Y_i - \hat{Y}_i)$ は**残差**といわれ，その平方和 $(\sum e_i^2)$ を，これに対応する**自由度**（degrees of freedom: DF, 自由に動ける実効的なデータの数）で割って平方根をとったものが，回帰線のまわりの標準誤差である。

すなわち，

$$\text{Se} = \sqrt{\frac{\sum\limits_{i=1}^{n}(Y_i - \hat{Y}_i)^2}{n-2}} \tag{1.4}$$

$\hat{Y}_i$ を予測に用いた場合，この Se が平均的な残差である。それは標準偏差が「中心からの平均的な距離」であるのと同じような意味である。

例題 1.1 に関して Se を計算する場合，まず，表 1.2 の計算表を作成する。

表 1.2

(1) X_i	(2) Y_i	(3) $\hat{Y}_i$	(4) = (2) − (3) $Y_i - \hat{Y}_i$	(5) = (4) × (4) $(Y_i - \hat{Y}_i)^2$
1	2	2.6	−0.6	0.36
2	4	3.1	0.9	0.81
3	3	3.6	−0.6	0.36
4	5	4.1	0.9	0.81
5	4	4.6	−0.6	0.36
15 $\sum X_i$	18 $\sum Y_i$		0 $\sum(Y_i - \hat{Y}_i)$	2.70 $\sum(Y_i - \hat{Y}_i)^2$

表 1.2 からの情報を式 (1.4) に代入すると，Se の値が求まる。

$$\text{Se} = \sqrt{\frac{\sum(Y_i - \hat{Y}_i)^2}{5-2}} = \sqrt{\frac{2.70}{3}} = \sqrt{0.9} = 0.948$$

これが例題 1.1(d) に対する答えである。つまり，データから得られた回帰線が推定に使われる場合，その平均誤差は 0.948 億円である。

■ ショートカット法

$\hat{Y}_i$ が簡単な数字でない場合は，上の式を使った計算は大変面倒になることが

ある。そのときは次のショートカットの式を用いるとよい。

$$\text{Se} = \sqrt{\frac{\sum Y_i^2 - b_0 \sum Y_i - b_1 \sum X_i Y_i}{n-2}}$$

この場合には表 1.3 の計算表を必要とする。

表 1.3

(1) Sales X_i	(2) Total Cost Y_i	(3)=(1)×(1) X_i^2	(4)=(1)×(2) $X_i Y_i$	(5)=(2)×(2) Y_i^2
1	2	1	2	4
2	4	4	8	16
3	3	9	9	9
4	5	16	20	25
5	4	25	20	16
15 $\sum X_i$	18 $\sum Y_i$	55 $\sum X_i^2$	59 $\sum X_i Y_i$	70 $\sum Y_i^2$

$$\begin{aligned}
\text{Se} &= \sqrt{\frac{\sum Y_i^2 - b_0 \sum Y_i - b_1 \sum X_i Y_i}{n-2}} \\
&= \sqrt{\frac{70 - 2.1 \times 18 - 0.5 \times 59}{5-2}} = \sqrt{\frac{70 - 37.3 - 29.5}{3}} \\
&= \sqrt{\frac{2.7}{3}} = \sqrt{0.9} = 0.948
\end{aligned}$$

▌ 予測値の信頼区間

標準誤差は回帰線を予測のために用いるとき，予測値の信頼区間を求めるのに必要となる。たとえば，Z テーブル（巻末参照）から 1 標準誤差（= 1Se，すなわち $Z=1$ のとき）に対応する確率は 0.3413 だから，Y の実現値 Y_i が $\hat{Y}_i \pm \text{Se}$ の間に入る確率は

$$P(\hat{Y}_i - \text{Se} \leq Y_i \leq \hat{Y}_i + \text{Se}) = 0.6826$$

この場合 $\text{Se} = 0.948$ だから

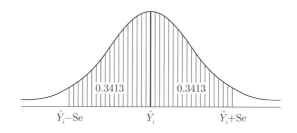

図 1.6 標準誤差（標準偏差）

$$P(\hat{Y} - 0.948 \leq Y_i \leq \hat{Y} + 0.948) = 0.6826$$

この意味するところは，X 値が与えられているときに Y 値を予測した場合，実際の Y 値が $\hat{Y} \pm 0.948$ の間に入る確率は 0.6826（約 68%）であるということである。これは概算の区間推定で，もっと正確な区間推定は回帰線推定値のサンプリングの局面を考慮に入れなければならないが，本書では省略する。

$X = 5$ のとき，

$$\hat{Y} = 2.1 + 0.5X = 2.1 + 0.5 \times 5 = 2.1 + 2.5 = 4.6$$

このとき信頼度 68.26%に対応する信頼区間は

$$4.6 - 0.948 \leq Y_i \leq 4.6 + 0.948$$

となり，

$$3.652 \leq Y_i \leq 5.548$$

となる。

つまり，売上 5 億円のときに，推定される総費用が 3.652 億円と 5.548 億円の間である確率は 68.26%である。

図 1.7 はこのことを図で示したものである。X 値が与えられており，Y 値の予測をする場合，68.26%の確率で実際に観察された Y 値（実際値）が回帰線から上下にそれぞれ 0.948 だけ離れた 2 つの点線の間に入るということを示している。

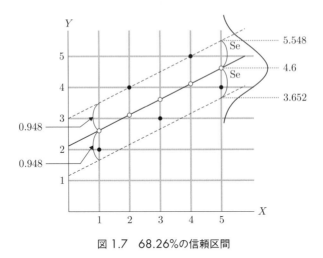

図 1.7　68.26%の信頼区間

　同様に，Y 値の予測値を求めるとき実際の値が 2 標準誤差の間に入る確率は 95.44%である。数式で表すと，

$$P(\hat{Y}_i - 2\text{Se} \leq Y_i \leq \hat{Y}_i + 2\text{Se}) = 0.9544$$

$\text{Se} = 0.948$ であるから，信頼係数 95.44%の信頼区間は

$$\hat{Y}_i - 2 \times 0.948 \leq Y_i \leq \hat{Y}_i + 2 \times 0.948$$
$$\hat{Y}_i - 1.896 \leq Y_i \leq \hat{Y}_i + 1.896$$

となる。

　たとえば，$X = 5$ のとき，$\hat{Y} = 2.1 + 0.5X$ の方程式から Y の推定値は 4.6 になるので，上の式の $\hat{Y}_i$ に 4.6 を入れると

$$2.704 \leq Y_i \leq 6.496$$

となる。

　つまり，$\hat{Y} = 4.6$ のとき 95.44%の信頼区間は 2.704〜6.496 となる。ということは，$X = 5$ のときの Y 値を推定する場合，実際値が 2.704 と 6.496 の間に入る確率は 95.44%であるということである。この状況は図 1.8 に図示され

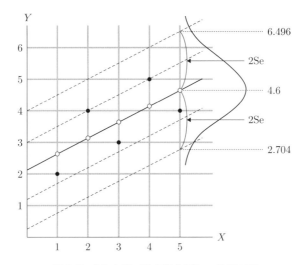

図 1.8　95.44%（2 標準偏差）の信頼区間

ている。

　68.26%の信頼区間は ±1 標準偏差（±1Se）に対応し，95.44%の信頼区間は ±2 標準偏差（±2Se）に対応しているので，後者は前者の 2 倍広いことになる。信頼度は高いほうがよいのだが，あまり信頼区間が広くなり過ぎると，予測の有用性が減少する。信頼区間の狭い，シャープな推定をするためにはより多くのデータを必要とする。

1.5　相関係数

　2 つの変数がどのくらい強く関係しているかを測る尺度として，相関係数を用いる。相関は回帰線との関係において用いられる。しかし，相関分析では X と Y 両方とも変数として扱うので，Y が必ずしも X の従属変数として取り扱われるわけではない。つまり，相関関係は X と Y との間の因果関係を説明するものではない。

　たとえば，何百組という父親とその息子の身長を測ったとしよう。そして息

子の身長を X 軸にとり，父親の身長を Y 軸にとったとき，強い相関関係があったとしよう。つまり，たとえば息子の背が高くて父親の背も高ければ，両者は相関関係が強いといえる。しかし，息子の身長は父親の身長の原因であると決論づけられるだろうか。つまり，息子の背が高いので，父親の背も高くなったということになるだろうか。明らかに逆である。この例が示すように相関関係は因果関係を示すものではない。

■ 決定係数

　一般に売上が増えれば，総費用も増えるはずである。言い換えると，もし売上が平均以上ならば，費用も平均以上にかかったと考えられる。端的にいえば，ある売上が与えられているとき，実測値から総費用の平均までの全偏差のうち回帰線によって何%が説明できるかを測ろうとしている。この状況は図 1.9 に示されている。

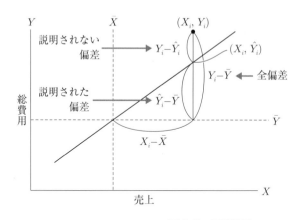

図 1.9　相関関係

　図 1.9 で示されたように Y_i の $\bar{Y}$ からの距離は回帰線によって 2 つの部分 $(Y_i - \hat{Y}_i)$ と $(\hat{Y}_i - \bar{Y})$ に分けられる。すなわち，

$$Y_i - \bar{Y} = (Y_i - \hat{Y}_i) + (\hat{Y}_i - \bar{Y}) \tag{1.5}$$

14

言い換えると，全偏差は回帰線で説明されない偏差の部分と説明された偏差の部分に分けられる。すなわち，

$$\text{全偏差} = \text{説明されない偏差} + \text{説明された偏差}$$

これを全ての観測点に関して集計すると，

$$\sum (Y_i - \bar{Y}) = \sum (\hat{Y}_i - \bar{Y}) + \sum (Y_i - \hat{Y}_i) \tag{1.6}$$

そして式 (1.7) が与えられる。

$$\sum (Y_i - \bar{Y})^2 = \sum (\hat{Y}_i - \bar{Y})^2 + \sum (Y_i - \hat{Y}_i)^2 \tag{1.7}$$

すなわち

$$\begin{matrix} \text{(個々の偏差)} \\ \text{の2乗の総和} \end{matrix} = \begin{matrix} \text{(説明された偏差)} \\ \text{の2乗の総和} \end{matrix} + \begin{matrix} \text{(説明されない偏差)} \\ \text{の2乗の総和} \end{matrix}$$

となる。式 (1.6) から式 (1.7) がどのようにして得られるのかの証明は，ここでは省略するが，表 1.4（17 ページ）の 8 行目，9 行目，10 行目を見ていただきたい。つまり，8 行目の合計は 9 行目と 10 行目の合計を加算したものになっている。

$\sum (\hat{Y}_i - \bar{Y})^2$ で $\hat{Y}_i$ は X 値が与えられたときの回帰線上の Y の期待値であるから，$(\hat{Y}_i - \bar{Y})$ は期待値が平均値からどのくらい離れているかを表す偏差である。そして，$\sum (\hat{Y}_i - \bar{Y})^2$ は偏差の 2 乗の総和である。つまり，これが回帰線で説明されるばらつきの部分である。一方，$\sum (Y_i - \hat{Y}_i)^2$ で Y_i は個々に観察された Y の実現値であるから，$(Y_i - \hat{Y}_i)$ はその実現値と Y の期待値の差，つまり回帰線で説明できない偏差である。したがって $\sum (Y_i - \hat{Y}_i)^2$ は説明されない偏差の 2 乗の総和である。

もし観察された Y 値がすべて回帰線上にあるならば，$Y_i = \hat{Y}_i$ となって，$\sum (Y_i - \hat{Y}_i)^2$ はゼロになり，$\sum (Y_i - \bar{Y})^2 = \sum (\hat{Y}_i - \bar{Y})^2$ となる。また，逆に回帰線が Y 値を予測するのに全く役に立たないならば，$\sum (Y_i - \hat{Y}_i)^2$ は $\sum (Y_i - \bar{Y})^2$ と等しくなり，$\sum (\hat{Y}_i - \bar{Y})^2$ はゼロとなる。つまり回帰線は図 1.5(a) のように $\bar{Y}$ の直線となり，すべてのばらつきは回帰線で説明ができない

ものである。

ここで，式 (1.7) の両辺を $\sum (Y_i - \bar{Y})^2$ で割ると，次のようになる。

$$1 = \underbrace{\frac{\sum (Y_i - \hat{Y}_i)^2}{\sum (Y_i - \bar{Y})^2}}_{\substack{\text{説明されない} \\ \text{ばらつきの割合}}} + \underbrace{\frac{\sum (\hat{Y}_i - \bar{Y})^2}{\sum (Y_i - \bar{Y})^2}}_{\substack{\text{説明された} \\ \text{ばらつきの割合}}} \tag{1.8}$$

上の式で示されたように，式 (1.7) の両辺を全ばらつき $\sum (Y_i - \bar{Y})^2$ で割ると，それぞれのばらつきが全体のばらつきの中で占める割合となる。つまり全ばらつきが回帰線で説明されない部分の割合と説明される割合に分けられる。したがって，この 2 つの割合を足し合わせると常に 1 になる。

式 (1.8) の右辺の第 2 項を決定係数 (r^2) という。すなわち，

$$r^2 = \frac{\sum (\hat{Y}_i - \bar{Y})^2}{\sum (Y_i - \bar{Y})^2} \tag{1.9}$$

$$\text{決定係数} = \frac{\text{説明されたばらつき}}{\text{全ばらつき}}$$

決定係数は，全ばらつきのうち回帰線で説明されたばらつきの割合を示している。また，r^2 の平方根をとったものを相関係数という。

$$r = \pm \sqrt{\frac{\sum (\hat{Y}_i - \bar{Y})^2}{\sum (Y_i - \bar{Y})^2}} \tag{1.10}$$

式 (1.8) および (1.9) から明らかなように，r^2 は 1 よりも大きくなることはなく，また 0 よりも小さくなることはない。すなわち，$0 \leq r^2 \leq 1$ となる。同様に，r は -1 よりも小さくなることなく，$+1$ よりも大きくなることもない。すなわち，$-1 \leq r \leq +1$ となる。ここで r の符号は回帰線のスロープ (b_1) の符号と常に一致する。b_1 の符号が正ならば r も正で，b_1 の符号が負ならば r の符号も負になる。

r^2 と r のいずれも，表 1.4 のような計算表を作ることによって得られる。

この表から

$$r^2 = \frac{\sum (\hat{Y}_i - \bar{Y})^2}{\sum (Y_i - \bar{Y})^2} = \frac{2.50}{5.20} = 0.48$$

表 1.4

(1) X_i	(2) Y_i	(3) $\hat{Y}_i$	(4) $\bar{Y}$	(5) $Y_i - \bar{Y}$	(6) $Y_i - \hat{Y}_i$	(7) $\hat{Y}_i - \bar{Y}$	(8) $(Y_i - \bar{Y})^2$	(9) $(Y_i - \hat{Y}_i)^2$	(10) $(\hat{Y}_i - \bar{Y})^2$
1	2	2.6	3.6	−1.6	−0.6	−1.0	2.56	0.36	1.00
2	4	3.1	3.6	0.4	0.9	−0.5	0.16	0.81	0.25
3	3	3.6	3.6	−0.6	−0.6	0	0.36	0.36	0
4	5	4.1	3.6	1.4	0.9	0.5	1.96	0.81	0.25
5	4	4.6	3.6	0.4	−0.6	1.0	0.16	0.36	1.00
15 $\sum X_i$	18 $\sum Y_i$			0 $\sum (Y_i - \bar{Y})$	0 $\sum (Y_i - \hat{Y}_i)$		5.20 $\sum (Y_i - \bar{Y})^2$	2.70 $\sum (Y_i - \hat{Y}_i)^2$	2.50 $\sum (\hat{Y}_i - \bar{Y})^2$

これは Y の全体のばらつきのうち 48％のばらつきは回帰線によって説明されることを示している。この平方根をとると，$r = +0.69$ となる。

■ ショートカット

なお $\hat{Y}_i$ の計算はときには非常に大変なので次のショートカットの式を用いることがある。

$$r^2 = \frac{b_0 \sum Y_i + b_1 \sum X_i Y_i - n\bar{Y}^2}{\sum Y_i^2 - n\bar{Y}^2} \tag{1.11}$$

これらの記号に該当する数字を表 1.3 から代入すると，

$$r^2 = \frac{2.1 \times 18 + 0.5 \times 59 - 5(3.6)^2}{70 - 5(3.6)^2}$$

$$= \frac{37.8 + 29.5 - 64.8}{70 - 64.8} = \frac{2.5}{5.2} = 0.48$$

となる。両辺の平方根をとると $r = +0.69$ となる。

例題 1.1 の (e) に対する回答としては，決定係数 (r^2) をとる場合もあるし，相関係数 (r) をとる場合もある。r^2 は全体の何パーセントのばらつきが説明変数で説明されるかという意味合いが明確であるが，符号が明らかでない。それに対して，r は具体的な意味合いがあまり明確でないが，符号がつくので，それが正の相関か負の相関かがわかるという利点がある。

相関の意味を図示すると図 1.10 のようになる。相関が強いということは，Y に関するばらつきのうち，回帰線によって説明できる部分が大きいということである。つまり，回帰線のまわりの近くに実測値が起こるということで，X の

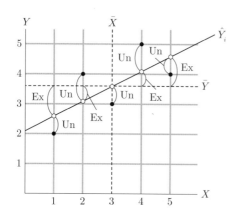

Un：回帰線で説明されない部分
（Unexplained）

Ex：回帰線で説明された部分
（Explained）

図 1.10　相関の意味

値を知ることによって，Y の値がかなり正確に予測できるということである。
相関係数は予測の精度の高低を表すものでもある。

■ 回帰分析の応用：変動費と固定費の区別

　一般に企業で遭遇する問題の 1 つに，総費用を変動費と固定費に分けるとい
う作業がある。しかしながら，それぞれの費用が変動費か固定費かを区別する
ことは難しい。たとえば大学において電気代は固定費か変動費かと考えた場合，
教室内にいる学生の人数に電気代は左右されないので，その意味で電気代は固
定費である。しかし，学生数が増えて，1 クラスでは足りなくなり，2 クラス
開講したら教室がもう 1 つ要ることになるので，そのとき電気代は変動費とな
る。したがって，大学全体でわかるのは総費用だけである。そのため，変動費
と固定費に分ける目的で回帰分析が使われる。例題 1.1 のデータを用いて，こ
の応用を示す。

　毎年の売上を X 軸，費用を Y 軸にとり，プロットし，計算によって回帰線
を得ることによって，この会社の売上に対する費用の 2 変数の関係がわかった。
固定費は売上ゼロのときの費用である。図 1.11(a) が表すように，回帰線が Y
軸と交差する点，すなわち固定費は 2.1 億円である。また，変動費率は回帰係
数から 0.5 であることがわかる。

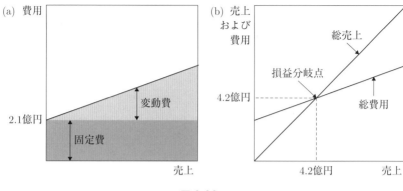

図 1.11

　次に例題 1.1 のデータを用いて損益分岐点を求めよう。図 1.11(b) のように売上を X 軸と Y 軸の両方にとってみる。つまり売上は X 軸ばかりでなく，Y 軸でも測れるようにする。そうすると売上は 45 度の直線で表され，45 度線上の 1 点から X 軸または Y 軸のどちらに垂線を下ろしても売上高を読み取ることができるし，この 45 度線は総費用の直線と交差する。交差した点は，総費用＝売上であるから，つまり損益分岐点であり，$X - \hat{Y} = 0$ となる。データから得られた回帰線は $\hat{Y} = 2.1 + 0.5X$ だから，損益分岐点では $X - \hat{Y} = X - (2.1 + 0.5X) = 0$ となる。これを X に関して解くと，$1X = 2.1 + 0.5X$ であるから，$(1 - 0.5)X = 2.1$ となり，$0.5X = 2.1$ で，$X = 4.2$，つまり損益分岐点は 4.2 億円である。

　以上，回帰直線に関して例題 1.1 を用いて長い説明となったので，次の例題 1.2 を用いて，簡潔に全体のプロセスを振り返ってみよう。

例題 1.2

次のようなマクロ経済のデータが与えられているとき，以下の問に答えなさい。

国民所得	(X)	6	7	8	9	10
個人消費	(Y)	6	5	7	6	9

（単位：兆円）

(a) 散布図を作成しなさい。

(b) 回帰直線を求めなさい。

(c) この直線を用いて，国民所得が 9.5 兆円のとき，個人消費の推定額を求めなさい。

(d) このモデルを用いて総費用を予測したときの標準誤差はいくらか。

(e) 決定係数および相関係数を求めなさい。

[解答]

(a) 散布図の点を直線で結び，それに回帰線を示した図が図 1.12 である。

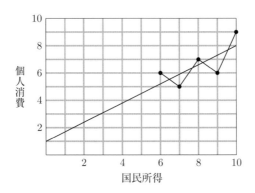

図 1.12　散布図および回帰線

(b) まず表 1.5 のような計算表を作成する。

表 1.5

(1) X_i	(2) Y_i	$(3) = (1) \times (1)$ X_i^2	$(4) = (1) \times (2)$ $X_i Y_i$
6	6	36	36
7	5	49	35
8	7	64	56
9	6	81	54
10	9	100	90
40 $\sum X_i$	33 $\sum Y_i$	330 $\sum X_i^2$	271 $\sum X_i Y_i$

また，

$$n = 5, \quad \bar{X} = \frac{\sum X_i}{n} = \frac{40}{5} = 8, \quad \bar{Y} = \frac{\sum Y_i}{n} = \frac{33}{5} = 6.6$$

このようにして得られた情報を次のような正規方程式に代入する。

$$\begin{cases} \displaystyle\sum_{i=1}^{n} Y_i = nb_0 + b_1 \sum_{i=1}^{n} X_i & (1.2) \\ \displaystyle\sum_{i=1}^{n} X_i Y_i = b_0 \sum_{i=1}^{n} X_i + b_1 \sum_{i=1}^{n} X_i^2 & (1.3) \end{cases}$$

次のような b_0 と b_1 の連立方程式を解く。

$$\begin{cases} 33 = 5b_0 + 40b_1 \cdots\cdots\cdots\cdots\cdots\cdots① \\ 271 = 40b_0 + 330b_1 \cdots\cdots\cdots\cdots\cdots② \end{cases}$$

① ×8 から，$\qquad\qquad 264 = 40b_0 + 320b_1 \cdots\cdots\cdots\cdots\cdots\cdots③$

② − ③ から，$\qquad\qquad\quad 7 = 0 + 10b_1$

$$b_1 = 0.7 \cdots\cdots\cdots\cdots\cdots\cdots\cdots④$$

④ を ① に代入 $\qquad\quad 33 = 5b_0 + 40 \times 0.7$

$$5b_0 = 33 - 28 = 5$$

$$b_0 = 1 \cdots\cdots\cdots\cdots\cdots\cdots\cdots\cdots⑤$$

④ と ⑤ より，

$$\hat{Y}_i = 1 + 0.7 X_i$$

これが求める回帰直線である。

この回帰直線の式に X の値を代入すると，それぞれの X 値に対応した Y の推定値が得られる。

$X = 6$ のとき　$\hat{Y} = 1 + 0.7 \times 6 = 1 + 4.2 = 5.2$

$X = 7$ のとき　$\hat{Y} = 1 + 0.7 \times 7 = 1 + 4.9 = 5.9$

$X = 8$ のとき　$\hat{Y} = 1 + 0.7 \times 8 = 1 + 5.6 = 6.6$

$$X = 9 \text{ のとき} \quad \hat{Y} = 1 + 0.7 \times 9 = 1 + 6.3 = 7.3$$
$$X = 10 \text{ のとき} \quad \hat{Y} = 1 + 0.7 \times 10 = 1 + 7.0 = 8.0$$

(c) $X = 9.5$ のとき $\hat{Y} = 1 + 0.7 \times 9.5 = 1 + 6.65 = 7.65$, すなわち国民所得が 9.5 兆円のとき個人消費は 7.65 兆円と予測される。

(d) 以上の計算を基にして表 1.6 が作成される。

表 1.6

(1) Y_i	(2) $\hat{Y}_i$	$(3) = (1) - (2)$ $(Y_i - \hat{Y}_i)$	$(4) = (3)^2$ $(Y_i - \hat{Y}_i)^2$
6	5.2	0.8	0.64
5	5.9	−0.9	0.81
7	6.6	0.4	0.16
6	7.3	−1.3	1.69
9	8.0	1.0	1.00
33 $\sum Y_i$	 $\sum \hat{Y}_i$	0 $\sum (Y_i - \hat{Y}_i)$	4.30 $\sum (Y_i - \hat{Y}_i)^2$

$(5) = (1) - \bar{Y}$ $(Y_i - \bar{Y})$	$(6) = (5)^2$ $(Y_i - \bar{Y})^2$	$(7) = (2) - \bar{Y}$ $(\hat{Y}_i - \bar{Y})$	$(8) = (7)^2$ $(\hat{Y}_i - \bar{Y})^2$
−0.6	0.36	−1.4	1.96
−1.6	2.56	−0.7	0.49
0.4	0.16	0	0
−0.6	0.36	0.7	0.49
2.4	5.76	1.4	1.96
0 $\sum (Y_i - \bar{Y})$	9.20 $\sum (Y_i - \bar{Y})^2$	0 $\sum (\hat{Y}_i - \bar{Y})$	4.90 $\sum (\hat{Y}_i - \bar{Y})^2$

表 1.6 からの情報を次のような式 (1.4) に代入すると

$$\text{Se} = \sqrt{\frac{\sum_{i=1}^{n} (Y_i - \hat{Y}_i)^2}{n - 2}} \tag{1.4}$$

$$\text{Se} = \sqrt{\frac{4.30}{5 - 2}} = \sqrt{\frac{4.30}{3}} = \sqrt{1.433} = 1.197 \text{ (兆円)}$$

これが標準誤差である。

(e) 決定係数および相関係数は，表 1.6 からの情報を式 (1.9) および式 (1.10) に代入することによって得られる。

$$r^2 = \frac{\sum (\hat{Y}_i - \bar{Y})^2}{\sum (Y_i - \bar{Y})^2} \tag{1.9}$$

$$r^2 = \frac{4.90}{9.20} = 0.5326 \,(53\%)$$

これが決定係数であり，回帰線は Y のばらつきをあまり説明していないといえる。

$$r = \pm\sqrt{\frac{\sum (\hat{Y}_i - \bar{Y})^2}{\sum (Y_i - \bar{Y})^2}} = \pm\sqrt{r^2} \tag{1.10}$$

$$r = \sqrt{0.5326} = +0.729$$

これが相関係数である。

回帰直線は予測によく用いられるので，予測に関した例を 1 つ挙げよう。

例題1.3

次のような売上のデータが与えられているときに，次期（2019 年）の売上予測を求め，以下の問に答えなさい。

年度　　(X)	2014	2015	2016	2017	2018
売上　　(Y)	5	4	7	6	8

（単位：億円）

(a) 散布図および目視により回帰線のグラフを作成しなさい。

(b) 回帰直線を求めなさい。

(c) この直線を用いて，2019 年度の売上の予測値を求めなさい。

(d) (c) で求めた予測の標準誤差はいくらか。

(e) 決定係数および相関係数を求めなさい。

解答

(a) 具体的な年度の入ったデータはそのままでは非常に大きな数字であり，散布図を描くにも回帰直線を計算するにも不便である。そこで 2015 年を 0 年（基準年）とすると，それぞれ，2014 年が −1 年となり，2016 年が +1 年，2017 年が +2 年，2018 年が +3 年となる。

　なお，これは読者の練習としてやってみていただきたいのだが，基準年を X 軸の真ん中である 2016 年にすると回帰線の計算およびその他の計算が非常に簡単になる。データ（年度）の数が奇数のときには，このような計算の工夫が可能である。もちろん，偶数個のデータの場合のやり方もあるのだが，半年を時間の 1 単位とするなど，少々工夫を必要とするのでここでは扱わない。

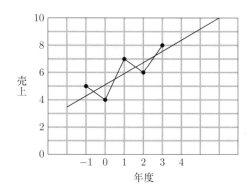

図 1.13　散布図および回帰線

(b) 回帰線を得るために表 1.7 のような計算表を作成する。

　表 1.7 から次の正規方程式に数字を代入する。

表 1.7

元の尺度		新しい尺度			
X	Y	X	Y	X^2	XY
2014	5	−1	5	1	−5
2015	4	0	4	0	0
2016	7	1	7	1	7
2017	6	2	6	4	12
2018	8	3	8	9	24
		5	30	15	38

$$\begin{cases} \displaystyle\sum_{i=1}^{n} Y_i = nb_0 + b_1 \sum_{i=1}^{n} X_i & \text{(1.2)} \\[3mm] \displaystyle\sum_{i=1}^{n} X_i Y_i = b_0 \sum_{i=1}^{n} X_i + b_1 \sum_{i=1}^{n} X_i^2 & \text{(1.3)} \end{cases}$$

$$\begin{cases} 30 = 5b_0 + b_1 \times 5 \cdots\cdots\cdots\cdots\cdots\cdots① \\[2mm] 38 = b_0 \times 5 + b_1 \times 15 \cdots\cdots\cdots\cdots② \end{cases}$$

② −① から,
$$8 = 10b_1$$
$$b_1 = 0.8 \cdots\cdots\cdots\cdots\cdots\cdots\cdots\cdots③$$

① と ③ から,
$$30 = 5b_0 + 0.8 \times 5$$
$$b_0 = 5.2 \cdots\cdots\cdots\cdots\cdots\cdots\cdots④$$

③ と ④ から,
$$\hat{Y} = 5.2 + 0.8X$$

これが求める回帰直線である。

(c) 2019 年は新しい尺度では $X = 4$ に当たるから,

$$\hat{Y} = 5.2 + 0.8X = 5.2 + 0.8 \times 4 = 5.2 + 3.2 = 8.4$$

したがって，2019 年度の売上予測は 8.4 億円となる。

(d) 以上の計算を基にして表 1.8 を作成する。標準誤差の公式は

$$Se = \sqrt{\frac{\sum (Y_i - \hat{Y}_i)^2}{n - 2}} \tag{1.4}$$

なので，計算表（表 1.8）から得られた数字をこの式に入れると，

$$Se = \sqrt{\frac{3.60}{5 - 2}} = \sqrt{1.20} = 1.095 \,（億円）$$

これが標準誤差である。

(e) 決定係数および相関係数は表 1.8 の数字を公式 (1.9) および (1.10) に代入することにより得られる。

表 1.8

(1) Y_i	(2) $\hat{Y}_i$	(3) $Y_i - \hat{Y}_i$	(4) $(Y_i - \hat{Y}_i)^2$
5	4.4	0.6	0.36
4	5.2	−1.2	1.44
7	6.0	1.0	1.00
6	6.8	−0.8	0.64
8	7.6	0.4	0.16
		0	3.60
$\sum Y_i$	$\sum \hat{Y}_i$	$\sum(Y_i - \hat{Y}_i)$	$\sum(Y_i - \hat{Y}_i)^2$

(5) $Y_i - \bar{Y}$	(6) $(Y_i - \bar{Y})^2$	(7) $(\hat{Y}_i - \bar{Y})$	(8) $(\hat{Y}_i - \bar{Y})^2$
−1	1	−1.6	2.56
−2	4	−0.8	0.64
+1	1	0	0
0	0	+0.8	0.64
+2	4	+1.6	2.56
0	10	0	6.40
$\sum(Y_i - \bar{Y}_i)$	$\sum(Y_i - \bar{Y}_i)^2$	$\sum(\bar{Y}_i - \bar{Y})$	$\sum(\hat{Y}_i - \bar{Y}_i)^2$

$$r^2 = \frac{\sum(\hat{Y}_i - \bar{Y})^2}{\sum(Y_i - \bar{Y})^2} \tag{1.9}$$

$$r^2 = \frac{6.40}{10} = 0.64 \ (64\%)$$

これが決定係数である。得られた回帰線はばらつきをあまり説明していない。回帰方程式を使って Y を予測した場合，予測値の精度はあまり高くない。

この両辺の平方根をとると，

$$r = \pm\sqrt{\frac{\sum(\hat{Y}_i - \bar{Y})^2}{\sum(Y_i - \bar{Y})^2}} \tag{1.10}$$

$$r = +\sqrt{\frac{\sum(\hat{Y}_i - \bar{Y})^2}{\sum(Y_i - \bar{Y})^2}} = \sqrt{\frac{6.40}{10}} = +\sqrt{0.64} = +0.8$$

これが相関係数である。

補足 1-1

　回帰直線は予測に使われる。計量経済学は回帰線から始まるといっても過言ではないかもしれない。そして回帰分析は非常に広範囲なビジネス予測という分野の入り口である。しかし、ここでは予測の一般的な限界について述べよう。まず、この章の例ではたった 5 つのデータ・ポイントしかなかったが、実際にはもっとずっと多くのデータを取らねばならず、かなりの時間と金を必要とする。そして、回帰線が得られたからといって遠い将来も予測できると思ってはいけない。せいぜい直近の将来の、データ・ポイントでいうと、1 つか 2 つ先の点の予測に留めておきたい。飛行機が落ちたり、地震が起きたり、どんな精巧な予測モデルでも決して予測できない不確定要因に満ち溢れているのがこの世の常である。そして、繰り返しになるが、常にどのくらい予測誤差が出るのか頭に入れて、決断をしよう。

補足 1-2

　この世には、現在の理論では決して予測できないものも多いということも知るべきである。その 1 つとして株価があげられる。株価には、ランダム・ウォーク仮説という理論が確立されており、酔っぱらいの歩行と同じく常に不規則にふらふらとしており、次の一歩が予測されないとされている。株に投資をする人は、ある程度予測に頭を使った上で、あとは神に運命を預けるぐらいの境地でいることである。何よりも大事なことはリスクを分散しておくことで、いかにうまそうに思える話でも、決して全部の卵を 1 つのバスケットに入れてはいけない。これが、予測を専門とする統計学者が長年かかって得た知恵である。

練 習 問 題

1. 次のようなデータが与えられているとき，

売上	(X)	3	4	5	6	7
総費用	(Y)	4	3	5	7	6

（単位：千ドル）

(a) 回帰直線の式を求めなさい。

(b) 売上が 7 千ドルのとき推定される総費用および利益を求めなさい。

(c) 損益分岐点を求めなさい。

(d) 推定値の標準誤差を求めなさい。そしてその意味を述べなさい。

(e) 決定係数と相関係数を求めなさい。

2. 次のようなデータが与えられているとき，

年	(X)	2014	2015	2016	2017	2018
売上	(Y)	4	6	5	7	8

（単位：百万ドル）

(a) 回帰直線の式を求めなさい。

(b) 2019 年の売上を予測しなさい。

(c) 標準誤差を求めなさい。

(d) 決定係数と相関係数を求めなさい。

（ヒント：2016 を $X = 0$ とおいて計算を簡単にしなさい）

3. 次のようなデータが与えられているとき，

年	(X)	2014	2015	2016	2017	2018
売上	(Y)	5	4	7	6	8

（単位：百万ドル）

(a) 回帰直線の式を求めなさい。

(b) 2020 年の売上を予測しなさい。

(c) 標準誤差を求めなさい。

(d) 決定係数および相関係数を求めなさい。

4. 普通の株への投資において，リスクと要求される投資利益率との間には関係があるといわれる。標準偏差で測られた投資リスクが高いならば，投資家は高い補償を求めることになり，高投資利益率となる。10 銘柄の株のサンプルから次のようなデータを得た。

リスク	(X)	1	2	3	4	5	6	7	8	9	10
要求される利回り	(Y)	2	4	3	3	6	6	9	6	10	12

(単位：パーセント)

(a) 回帰直線の式を求めなさい。

(b) リスクが 8% のとき，利回りを推定しなさい。

(c) 標準誤差を求めなさい。

(d) 決定係数と相関係数を求めなさい。

5. 次のデータは，ある家具メーカーの売上と総費用の関係である。

売上	(X)	4	5	6	7	8
総費用	(Y)	4	2	5	3	6

(単位：千ドル)

(a) 回帰直線の式を求めなさい。

(b) 売上が 1 万ドルのとき，総費用と利益を推定しなさい。

(c) 損益分岐点を求めなさい。

(d) 標準誤差を求めなさい。

(e) 決定係数と相関係数を求めなさい。

6. 全国的なモーテルチェーンのホリデイ・アウトは，その提供するサービスに対し次のような需要関数に直面している。

室料	(P)	1	2	3	4	5
需要量	(Q)	4	5	3	4	2

(単位：室料…百ドル，需要量…千室/日)

(a) 回帰直線の式を求めなさい。すなわち $Q = b_0 + b_1 P$ において b_0 と b_1 を決定しなさい。

(b) 室料が 6 百ドルのとき，需要を推定しなさい。

(c) 標準誤差を求めなさい。

(d) 決定係数と相関係数を求めなさい。

7. ある自動車会社はある新車に関し，次のような需要関数に直面している。

価格	(P)	10	9	8	7	6
需要量	(Q)	6	5	8	7	9

（単位：価格…千ドル，需要量…百万台/年）

(a) 回帰直線の式を求めなさい。すなわち $Q = b_0 + b_1 P$ において b_0 と b_1 を決定しなさい。

(b) 新車の価格が 8 千ドルのとき，何台売れるか推定しなさい。

(c) 標準誤差を求めなさい。

(d) 95％の信頼区間を求めなさい。

(e) 決定係数および相関係数を求めなさい。

8. 次のデータは，米国のマクロ経済の時系列データである。

		2014	2015	2016	2017	2018
可処分所得	(Y_d)	3	4	5	6	7
消費	(C)	2	5	3	6	4

（単位：十億ドル）

(a) 回帰直線の式を求めなさい。すなわち $C = b_0 + b_1 Y_d$ において b_0 と b_1 を決定しなさい。

(b) 可処分所得が 80 億ドルのとき，消費額を推定しなさい。

(c) 標準誤差を求めなさい。

(d) 決定係数と相関係数を求めなさい。

9. ある消費財メーカーでは，広告費に使う金額と増加売上高の関係は次のようになっている。

広告費	(X)	3	4	5	6	7
増加売上高	(Y)	4	4	7	10	10

（単位：百万ドル）

(a) 回帰直線の式を求めなさい。

(b) 広告費が 8 百万ドルのとき，増加売上高を推定しなさい。

(c) 標準誤差を求めなさい。

(d) (c) は何を測っているか，簡単に述べなさい。

(e) 決定係数と相関係数を求めなさい。

(f) 決定係数 r^2 は何を測っているか，簡単に述べなさい。

10. フィリップス曲線により，失業率が高いときはインフレ率は低いということがわかっている。この関係に関して，次のデータが与えられている。

失業率	(X)	2	3	4	6	10
インフレ率	(Y)	12	9	8	4	2

（単位：パーセント）

(a) 回帰直線の式を求めなさい。

(b) 失業率が8%のとき，インフレ率を推定しなさい。

(c) 標準誤差を求めなさい。

(d) これは何を測っているか，簡単に述べなさい。

(e) 決定係数と相関係数を求めなさい。

(f) r^2 は何を測っているか，簡単に述べなさい。

11. ニューヨーク市の5つの高級食料品店で売り上げと利益の関係について調べたところ，次のデータを得た。

店舗		A	B	C	D	E
売上	(X)	20	30	40	50	60
利益	(Y)	1	2	4	6	12

（単位：千ドル）

(a) 回帰直線の式を求めなさい。

(b) 売上が7万ドルのとき，利益を推定しなさい。

(c) 標準誤差を求めなさい。

(d) 決定係数と相関係数を求めなさい。

（ヒント：店舗 C および D に関してはショートカット法を用いなさい）

12. 次のようなデータが与えられているとき，

売上	(X)	3	4	5	6	7
総費用	(Y)	4	3	5	7	6

（単位：千ドル）

(a) 散布図を描きなさい。

(b) 目視により（計算せずに）最適と思われる回帰線を描きなさい。

(c) グラフから Y 軸の切片とスロープを決定しなさい。 すなわち $Y = b_0 + b_1 X$ における b_0 と b_1 を決定しなさい。

(d) 概算の標準誤差を求めなさい。

(e) 概算の決定係数と相関係数を求めなさい。

(f) この問題と練習問題 1 は同じデータである. ここで行った推測と練習問題 1 の答えを比較して, どこが違うか検討しなさい.

13. 次のようなデータが与えられているとき,

リスク (σ で測定) (X)	1	2	3	4	5	6	7	8	9	10
要求される利回り (Y)	2	4	3	3	6	6	9	6	10	12

前問 (練習問題 12) の (a) から (e) までの問に答えなさい.

(f) この問題と練習問題 4 は同じデータである. ここで行った推測と練習問題 4 とを比較して, どこが違うか検討しなさい.

14. 次のように, あるメーカーの自動車の価格と需要についてのデータが与えられているとき,

価格 (X)	10	9	8	7	6
需要量 (Y)	6	5	8	7	9

(単位：価格…千ドル, 需要量…百万台/年)

(a) 散布図を描きなさい.

(b) 目視により (計算せずに) 最適と思われる直線を描きなさい.

(c) グラフから Y 軸の切片とスロープを決定しなさい. すなわち $Y = b_0 + b_1 X$ における b_0 と b_1 を決定しなさい.

(d) 概算の標準誤差を求めなさい.

(e) 概算の決定係数と相関係数を求めなさい.

(f) この問題と練習問題 7 は同じデータである. ここで行った推測と練習問題 7 の答えを比較して, どこが違うか検討しなさい.

15. 次のようなデータが与えられているとき,

失業率 (X)	2	3	4	6	10
インフレ率 (Y)	12	9	8	4	2

(単位：パーセント)

前問 (練習問題 14) の (a) から (e) までと同じ問に答えなさい.

(f) この問題と練習問題 10 は同じデータである. ここで行った推測と練習問題 10 とを比較して, どこが違うか検討しなさい.

吉田の心得 1-1

　バーナード・ショウは 19 世紀の半ばから 20 世紀の半ばまで生き，ノーベル文学賞を受賞した人物である。文学者，脚本家，劇作家，評論家，政治家，教育者，ジャーナリストと多岐にわたる分野で活躍し，数々の名言を残した。風説によると，あるとき，美貌と肉体美を備えた女優に求婚された。「私と貴方が結婚したならば，貴方の素晴らしい頭脳と私の美貌を受けついだ子供が生まれるでしょう」と。彼は答えて曰く「あなたの知能と私の容姿を持った子供が生まれたらどうでしょうか」と，せっかくのプロポーズを丁重にお断りしたそうだ。かくも，予測は難しい。

第2章
回帰分析 (Ⅱ)

2.1 はじめに

第1章では単回帰直線を学んだが，この章ではデータの中心移動を行うことにより回帰分析を行うことを学ぶ。

ある大企業における，次のような毎年の売上の回帰直線を求めるとしよう。

年　　(X)	2016	2017	2018	2019	2020
売上　(Y)	1014	1020	1046	1060	1088

（単位：百万ドル）

この値をこのまま図示すると，図2.1に示されるように数字が大きく計算が煩雑になるばかりでなく，データの興味のある点に注意を集中できないので，通常は元のデータをそのまま用いない。

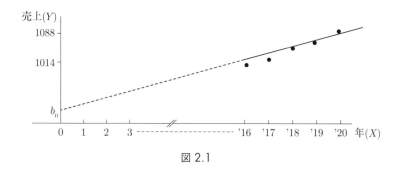

図 2.1

たとえば，元のデータの回帰線の方程式が次の式で与えられたとしよう。

$$Y = b_0 + b_1 X$$

ここで b_0 は $X = 0$ のときの売上を表すことになる。すなわち，データをそのまま用いる場合 $X = 0$ のときの売上とはキリストが生まれたときの売上である。これは明らかに無意味な数字である。なぜならその頃には現代的な会社など存在しなかったからである。

このようなときには，例題 1.3 で行ったように横軸のデータ（すなわち年代のデータ）をもっと興味のある点におきかえる。同様に Y 軸のデータも移動させることにより計算も簡単になるし，より重要なデータの近辺に注意を集中させることができる。すなわち，1000 百万ドル（つまり 10 億ドル）以上の売上に注目できる。

特に，回帰線の相関分析や分散分析のときは，X 軸に関しても Y 軸に関しても，平均値のあるところに軸を移動することが一般的に行われる。

2.2 軸の平行移動

図 2.2 において (a) と (b) を比較してみよう。

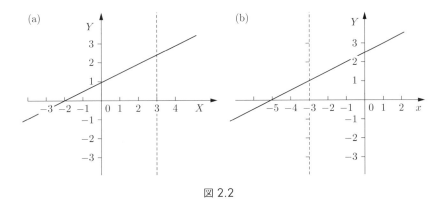

図 2.2

図 (a) における Y 軸を $X = 3$ の場所に移動したのが図 (b) である。図 (a)

の直線の式は

$$Y = 1 + 0.5X \cdots\cdots\cdots\cdots\cdots\cdots\cdots\cdots①$$

図 (b) における同じ直線の式は

$$Y = 2.5 + 0.5x \quad \cdots\cdots\cdots\cdots\cdots\cdots\cdots②$$

となる。ここで X が小文字になっているのは新しい軸に基いていることを示している。① と ② を比較してみると Y 切片は変わったが直線のスロープは変わらないことに注意したい。

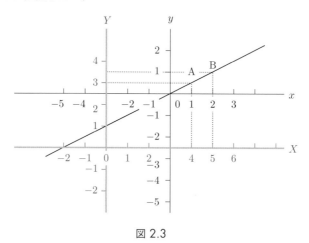

図 2.3

　同様に，図 (b) で X 軸を 2.5 だけ上方に移動すると図 2.3 を得る。ここで元の軸は灰色の線で表してある。これらの 2 つの軸を移動させることにより，同じ直線が次のような式で表される。

$$y = 0.5x \quad \cdots\cdots\cdots\cdots\cdots\cdots\cdots③$$

この式では x 軸も y 軸も移動した後の尺度を用いていることを示すために小文字になっている。

　この式も前と同じ直線なのだが，x 軸も y 軸も平行移動した結果なのである。ここでもスロープが前と変わっていないことに注目されたい。

　新しい軸の尺度では直線上の $(1, 0.5)$ の位置にある点 A では ③ が成り立つが，その同じ点は元の軸の尺度では直線上の $(4, 3)$ の位置にあり，① が成り立つ。元の軸で測られた値を (X, Y) で表し，新しい軸で測られた値を (x, y) で表すと，次のような関係が成り立つ。

$$x = X - 3 \quad\cdots\cdots\cdots\cdots\cdots\cdots\cdots\text{④}$$

$$y = Y - 2.5 \quad\cdots\cdots\cdots\cdots\cdots\cdots\text{⑤}$$

　たとえば，点 B は，元の軸では $(5, 3.5)$ の位置にあり，新しい軸では $(2, 1)$ の位置にある。以上より，③ を X, Y を用いて表すと ④，⑤ から次のようになる。

$$y = 0.5x$$

$$(Y - 2.5) = 0.5(X - 3)$$

$$Y - 2.5 = 0.5X - 1.5$$

$$Y = 2.5 - 1.5 + 0.5X$$

$$Y = 1 + 0.5X$$

この式はまさに元の軸で得られた式 ① そのものである。

　このように X 軸および Y 軸を移動させることは直線の式のスロープを変えるものではないことがわかる。ほとんどの場合において，こういう移動は計算を非常に簡単にするばかりか，データについて関心のあるところに注目しやすくなる。ここでまず，最初に1つの軸を移動させる例を示し，次に2つの軸を移動させる例を示す。

2.3　1つの軸の中心化

例題2.1

次のようなデータが与えられているとき，

売上	(X)	1	2	3	4	5
総費用	(Y)	2	4	3	5	4

（単位：億円）

(a) データ X を中心化（軸を X の平均値に移動）し，回帰線の式を求めなさい。

(b) このデータは第 1 章の例題 1.1 と同じであり，回帰線は $Y = 2.1 + 0.5X$ とわかっている。この式と (a) の回帰線を比較しなさい。

[解答]

(a) まず Y 軸を移動し X の新しい値を求めよう。

表 2.1

(1) 元の値 X_i	(2) 中心化した値 $x_i = X_i - \bar{X}$	(3) 元の値 Y_i	(4) x_i^2	(5) $x_i Y_i$
1	-2	2	4	-4
2	-1	4	1	-4
3	0	3	0	0
4	1	5	1	5
5	2	4	4	8
15	0	18	10	5

$\bar{X} = 3$

　多くの場合，最も適切な軸移動は中心化，すなわち軸をデータの中心（＝平均値）へ移動させることである。X の値を中心化するということは Y 軸を X のデータの中心に移動させることを意味している。したがって，X 値を中心化するためにまず表 2.1 の第 1 列から平均 $\bar{X}$ を計算する。

　この場合，$\bar{X} = (\sum X_i)/n$ より，$\bar{X} = 15/5 = 3$ である。それから $x_i = X_i - \bar{X}$ を計算し，表 2.1 の第 2 列を得た。第 3 列には元の Y_i 値を記入している。この例題の場合，Y 値は中心化しない。

　式 (1.2) および式 (1.3) で与えられた回帰線の正規方程式は，ここでは中心化してあるので下の式のように X は大文字ではなく小文字の x に直してある。Y は中心化していないので，大文字のままになっている。

$$\begin{cases} \sum Y_i = nb_0 + b_1 \sum x_i & \text{(2.1)} \\ \sum x_i Y_i = b_0 \sum x_i + b_1 \sum x_i^2 & \text{(2.2)} \end{cases}$$

ここで $Y = b_0 + b_1 x$ における b_0 と b_1 を計算するために，表 2.1 の数値を上の式に代入すると，次のようになる。

$$\begin{cases} 18 = 5b_0 + b_1 \times 0 & \cdots\cdots\cdots\cdots\cdots\text{①} \\ 5 = b_0 \times 0 + b_1 \times 10 & \cdots\cdots\cdots\cdots\cdots\text{②} \end{cases}$$

① から， $\qquad\qquad b_0 = 18/5 = 3.6$

② から， $\qquad\qquad b_1 = 5/10 = 0.5$

したがって，回帰線は次の式で表される。

$$\hat{Y} = 3.6 + 0.5x \quad\cdots\cdots\cdots\cdots\cdots\text{③}$$

(b) 第 1 章の例題 1.1 で得られた回帰直線の式は

$$\hat{Y} = 2.1 + 0.5X \quad\cdots\cdots\cdots\cdots\cdots\text{④}$$

である。

例題 1.1 と例題 2.1 のグラフを図 2.4 に示した。両式とも同じスロープをしている。しかし図 (b) ではデータ X は中心化されている。つまり Y 軸がデー

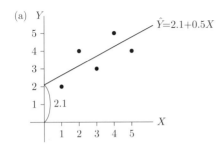
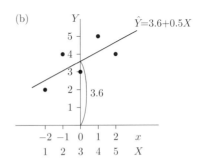

図 2.4

タ X の中心（つまり平均値）へ移動されている。

　この 2 つの例において元の X 軸と新しい x 軸の関係は ⑤ で表される。

$$x = X - 3 \quad \cdots\cdots\cdots\cdots\cdots\cdots⑤$$

③ と ⑤ から，

$$\hat{Y} = 3.6 + 0.5(X - 3) = 3.6 + 0.5X - 1.5 = 2.1 + 0.5X \quad \cdots\cdots⑥$$

これはまさに ④ と同じである。しかも中心化したデータを用いると，一般に元のデータを用いるよりも正規方程式を解くときの計算が簡単になることに注目されたい。

■ **まとめ**

　この例題 2.1 で得られたことは例題 2.2 から 2.5 で使用するので，第 1 章で得られた例題 1.1 に関する情報と合わせて以下にまとめておきたい。

表 2.2

(1) X_i	(2) Y_i	(3) X_i^2	(4) $X_i Y_i$	(5) $\hat{Y}_i$	(6) $Y_i - \hat{Y}_i$	(7) $(Y_i - \hat{Y}_i)^2$	(8) Y_i^2
1	2	1	2	2.6	−0.6	0.36	4
2	4	4	8	3.1	0.9	0.81	16
3	3	9	9	3.6	−0.6	0.36	9
4	5	16	20	4.1	0.9	0.81	25
5	4	25	20	4.6	−0.6	0.36	16
15	18	55	59		0	2.70	70

(9) $Y_i - \bar{Y}$	(10) $(Y_i - \bar{Y})^2$	(11) $\hat{Y}_i - \bar{Y}$	(12) $(\hat{Y}_i - \bar{Y})^2$	(13) $X_i - \bar{X}$	(14) $(X_i - \bar{X})^2$
−1.6	2.56	−1.0	1.00	−2	4
0.4	0.16	−0.5	0.25	−1	1
−0.6	0.36	0	0	0	0
1.4	1.96	0.5	0.25	+1	1
0.4	0.16	1.0	1.00	+2	4
0	5.20	0	2.50	0	10

$\bar{X} = 3$, $\bar{Y} = 3.6$

表 2.2 から回帰直線の式を得る。

$$\hat{Y} = 2.1 + 0.5X$$

X_i の値をこの式に代入すると $\hat{Y}_i$ の値が得られ，よって表 2.2 の第 5 列目の数字を得る。

第 7 列目からの情報と式 (1.4) から，

$$\mathrm{Se} = \sqrt{\frac{\sum(Y_i - \hat{Y}_i)^2}{n-2}} = \sqrt{\frac{2.70}{3}} = \sqrt{0.9} = 0.948$$

式 (1.9) と第 10 列および第 12 列から，

$$r^2 = \frac{\sum(\hat{Y}_i - \bar{Y})^2}{\sum(Y_i - \bar{Y})^2} = \frac{2.50}{5.20} = 0.480$$

$$r = +\sqrt{0.480} = +0.69$$

2.4　2つの軸の中心化

次の例題を X 軸と Y 軸を中心化することによって解こう。

例題 2.2

次のようなデータが与えられているとする。

年　　(X)	2016	2017	2018	2019	2020
売上 (Y)	5	4	7	6	8

（単位：億円）

(a) 散布図を描きなさい。

(b) 回帰直線を求めなさい。

(c) 2021 年の売上を推測しなさい。

(d) 標準誤差を計算しなさい。

(e) 決定係数および相関係数を計算しなさい。

解答

(a)

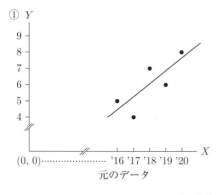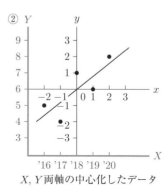

図 2.5

　図 2.5 で X, Y 両軸を中心化したとき，回帰直線は原点を通ることに注意しよう。図 ① の回帰直線は $(2018, 6)$ の点を通るが，中心化した軸（図 ②）では原点を通る。したがって新しい軸では，元の回帰線の式

$$\hat{Y} = b_0 + b_1 X$$

ではなくて

$$\hat{y} = b_1 x$$

となる。

　しかしながら，回帰直線から意味を読み取るためには，回帰線を元の軸に基いて解釈する必要がある。なぜなら，中心化は単に計算および関連した分析を簡単にするために行われるからである。

(b) X, Y 両軸を中心化することにより表 2.3 が得られる。

　はじめの段階では表の第 1 列から第 6 列までの数字しか得られないことに注意。回帰直線が求められてから，第 7 列から第 12 列までの計算ができるのである。

表 2.3

(1)	(2)	(3)	(4)
元のデータ		中心化したデータ	
X_i	Y_i	$x_i = X_i - \bar{X}$	$y_i = Y_i - \bar{Y}$
2016	5	-2	-1
2017	4	-1	-2
2018	7	0	1
2019	6	1	0
2020	8	2	2
	30	0	0

(5)	(6)	(7)	(8)	(9)	(10)	(11)	(12)
x_i^2	$x_i y_i$	$\hat{y}_i$	$y_i - \hat{y}_i$	$(y_i - \hat{y}_i)^2$	y_i^2	$\hat{y}_i^2$	$\hat{Y}_i$
4	2	-1.6	0.6	0.36	1	2.56	4.4
1	2	-0.8	-1.2	1.44	4	0.64	5.2
0	0	0	1	1.00	1	0	6
1	0	0.8	-0.8	0.64	0	0.64	6.8
4	4	1.6	0.4	0.16	4	2.56	7.6
10	8	0	0	3.60	10	6.40	

$$\bar{X} = 2018, \quad \bar{Y} = \sum Y_i / n = 30/5 = 6$$

正規方程式は次のとおり。

$$\begin{cases} \sum y_i = nb_0 + b_1 \sum x_i & (2.3) \\ \sum x_i y_i = b_0 \sum x_i + b_1 \sum x_i^2 & (2.4) \end{cases}$$

ここでは x も y も中心化したデータを用いているので両方とも小文字を用いている。表 2.3 と式 (2.3) および (2.4) を用いて式 $\hat{y} = b_0 + b_1 x$ における b_0 と b_1 が決定される。データ数が 5 であるから $n = 5$ である。また，表 2.3 から連立方程式 (2.3) と (2.4) に該当する数字を代入すると次の ① と ② を得る。

$$\begin{cases} 0 = 5b_0 + 0b_1 & \cdots\cdots\cdots\cdots\cdots ① \\ 8 = 0b_0 + 10b_1 & \cdots\cdots\cdots\cdots\cdots ② \end{cases}$$

① から，$\qquad\qquad\qquad b_0 = 0 \cdots\cdots\cdots\cdots\cdots ③$

② から，$\qquad\qquad\qquad b_1 = 0.8 \cdots\cdots\cdots\cdots\cdots ④$

したがって，中心化した軸に基いた回帰直線の式は次のようになる。

$$\hat{y} = 0.8x \quad \cdots\cdots\cdots\cdots\cdots\cdots\cdots\cdots\cdots ⑤$$

X 軸，Y 軸を共に中心化すると連立方程式を解くことが極めて簡単になることがわかる。つまり $0b_1 = 0$ かつ $0b_0 = 0$ だから実際にはほとんど連立方程式を解かなくて済むのである。しかもはじめから $b_0 = 0$ がわかっているから，なお簡単である。しかしながら，この回帰直線は元の X 軸および Y 軸に基づいたものではないので元の軸に戻す必要がある。この例では元の軸による Y 値 $(\hat{Y})$ と中心化した $\hat{y}$ との間には次の関係が成り立つ。

$$\hat{y} = \hat{Y} - 6 \quad \cdots\cdots\cdots\cdots\cdots\cdots\cdots\cdots\cdots ⑥$$

⑤ と ⑥ から，

$$\hat{Y} - 6 = 0.8x$$
$$\hat{Y} = 6 + 0.8x \tag{2.5}$$

これが求められた回帰直線の式であるが，x に関してはまだ中心化したデータを用いていることに注意したい。

(c) 中心化した x 値では 2021 年は $x = +3$ となる。そのときの売上の予測値は

$$\hat{Y} = 6 + 0.8 \times 3 = 6 + 2.4 = 8.4$$

となり，売上予測は 8.4 億円となる。データが一定の時間的な間隔で記録されたデータは時系列データと呼ばれる。時系列では回帰直線の式が得られると，近い将来の値を予測することができる。

(d) 予測の標準誤差は次の式で求められる。

$$\text{Se} = \sqrt{\frac{\sum(Y_i - \hat{Y}_i)^2}{n-2}} \quad \text{または} \quad \text{Se} = \sqrt{\frac{\sum(y_i - \hat{y}_i)^2}{n-2}} \tag{2.6}$$

表 2.3 の第 8 列に示されたように各行に関して $(y_i - \hat{y}_i)$ を計算する。この列の合計は常に 0 でなければならない。$(y_i - \hat{y}_i)$ を各行に関して 2 乗したのが第

9 列である。第 9 列の総和は $\sum(y_i - \hat{y}_i)^2 = 3.60$ である。したがって

$$\mathrm{Se} = \sqrt{\frac{3.60}{3}} = \sqrt{1.20} \fallingdotseq 1.095$$

この値は元のデータを用いても変わらない。概算的にいうと，y の予測値の標準誤差が 1.095 であるということは，このデータに基いて予測をしたとき，約 68% の確率で，誤差が 1.095 億円以内の範囲に収まることを示している。

(e) 第 1 章で決定係数および相関係数を学んだ。

$$決定係数 = \frac{説明されたばらつき}{全ばらつき}$$

$$相関係数 = \sqrt{決定係数}$$

式 (1.9) をここでは式 (2.7) として扱う。

$$r^2 = \frac{\sum(\hat{Y}_i - \bar{Y})^2}{\sum(Y_i - \bar{Y})^2} \tag{2.7}$$

この式は中心化したデータでは

$$\frac{\sum \hat{y}_i^2}{\sum y_i^2} \tag{2.8}$$

となり，表 2.3 の第 10 列目と第 11 列目から

$$r^2 = \frac{\sum(\hat{Y}_i - \bar{Y})^2}{\sum(Y_i - \bar{Y})^2} = \frac{\sum \hat{y}_i^2}{\sum y_i^2} = \frac{6.40}{10} = 0.64$$

$$r = \sqrt{0.64} = +0.8$$

ここで計算するときのポイントを示そう。

式 (1.7) から

$$\sum(Y_i - \bar{Y})^2 = \sum(Y_i - \hat{Y}_i)^2 + \sum(\hat{Y}_i - \bar{Y})^2 \tag{2.9}$$

これは中心化したデータでは次のようになる。

$$\sum y_i^2 = \sum(y_i - \hat{y}_i)^2 + \sum \hat{y}_i^2 \tag{2.10}$$

表 2.3 の第 10, 9, 11 列からこの式にそれぞれの数字を代入すると

$$10 = 3.60 + 6.40$$

となり，このように式 (2.10) は成り立つことがわかる。また，$\sum \hat{y}_i$ も $\sum (y_i - \hat{y}_i)$ も常に 0 でなければならないということも大事なポイントである。

2.5　回帰モデル

■ 前提条件

X, Y の変数に関して多くの値を観測し，XY 平面にプロットすると，回帰線のもととなる散布図が得られる。この章における回帰分析に関しては 2 つのことを心に留めておかなければならない。

第一は，散布図における観察されたデータはユニバース（母集団）から取り出されたサンプルであるという点である。ユニバース自体は変化しないが，サンプルをとるたびに異なるデータが得られ，異なる散布図ができ，異なる回帰線が得られるのである。したがって，b_0 および b_1 といった回帰直線の係数は毎回異なるのである。

図 2.6 の (a) と (b) は両方とも同じユニバースの 2 つの異なるサンプルから得られたが，このように異なる回帰線を示すことがある。

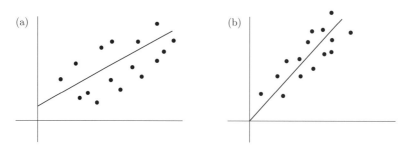

図 2.6

また $\bar{X}$ や Se のようなサンプル推定値と同様に，b_0 と b_1 も未知のユニバー

スの特性値（パラメータ）β_0 と β_1 を中心値とした分布に従って，サンプルをとるたびに異なる推定値が得られる。したがって点推定に加えて，b_0 と b_1 の区間推定を得て，これらの推定値が仮説に基づくユニバースのパラメータと著しく異なるかをテストすることもできる。事実，我々はサンプルからの情報 b_0 と b_1 を用いて，未知である真のユニバースのパラメータを推定する。

　第二に，この章ではユニバースの変数間の関係は直線の関係であると仮定している。2 変数間に関係があるかもしれないと思われるときは，その関係は，直線の関係以外も 2 次関数や指数関数の関係であることもある。しかしながら，ここではその関係は直線的であると仮定し詳細に分析するために直線的（線形）モデルを形成する。実際には図 2.7(a) のような直線的でないモデルに対して適切でない直線的なモデルを作ることがある（同図 (b)）。このようなとき，推定したモデルは最善のモデルではないかもしれない。しかし，我々は後に説明するように F テストや t テストを用いて，これらのモデルの有効性を評価することができる。

　なおこの章は，第 5 章でもっと複雑な一般的な回帰分析を学ぶための基礎をなすためのものである。

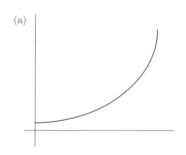 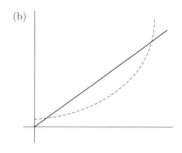

図 2.7

▓ 回帰モデル

　我々が調べようとしているユニバースには，2 つの変数 X と Y との間に直線的な関係があるという仮定に基いて，一時的に次のようなモデルを形成する。

$$Y = \beta_0 + \beta_1 X + \varepsilon$$

ここで β_0 および β_1 はユニバースのパラメータ（ユニバースに付随する真の特性値）で，ε は個々の Y 値が回帰線から離れる程度，すなわち誤差を表している。一般に未知のパラメータを表すのにギリシャ文字（β や ε）を用い，サンプルによる推定値をローマ字（b や e）で表す習慣になっている。

　ある一対の観測値 X_i と Y_i に関しては，次のように書くこともある（誤差項 ε は一般的に正規分布に従っていると仮定される）。

$$Y_i = \beta_0 + \beta_1 X_i + \varepsilon_i$$

これは一時的なモデルで，それが適切かどうかを我々が検証しなければならない。

　回帰分析ではサンプルの観測値から

$$\hat{Y} = b_0 + b_1 X$$

における b_0 と b_1 を計算したが，これはサンプルの回帰直線である。これに対応するユニバースの回帰直線は次の式で表される。

$$Y = \beta_0 + \beta_1 X$$

すなわち，b_0 と b_1 は，ユニバースのパラメータ β_0 と β_1 のサンプル推定値である。

　b_0 と b_1 はサンプル統計量であるから，真の値である β_0 と β_1 のまわりに分布している。したがって b_0 と b_1 によって計算された Y 値も，X 値が与えられたときのユニバースのパラメータとしての Y 値のまわりに分布しているのである。

補足 2-1

　　第 1 章ではサンプリングという概念なしに回帰線を考えたが，この章ではサンプリングという概念のもとで回帰線を考える。そのため，現実の状況により近くなった。したがってモデルのテストという問題が出てくるのである。これからいろいろな回帰線を扱うが，その都度必ず仮説を立て，得られたサンプルの結果が仮説を受容するのか否かが大事になってくる。ここで『直感的統計学』の第 9 章，第 10 章，第 11 章，第 14 章を復習してみることをおすすめする。

2.6 回帰直線の有意性に関する F テスト

モデルを作成し，パラメータを推定したならば，次の仕事はモデルをテストして，それが十分よいモデルかどうかを決定しなければならない。この目的のために，我々は分散分析と回帰分析を組み合わせる。

例題 2.3

例題 2.2 のデータを用いて，

(a) 帰無仮説および対立仮説を述べなさい。

(b) ANOVA（分散分析）テーブルを作成しなさい。

(c) 有意水準 $\alpha = 0.05$ で仮説を検定しなさい。

(d) モデルがよいかどうかを評価しなさい。

解答

(a) X と Y を中心化したデータの場合，β_0（回帰線の Y 軸の切片）は 0 になるので，一般に β_1（回帰線のスロープ）のみについてテストし，モデルがよいかどうかを判断する。回帰分析では一般に，帰無仮説は回帰線のスロープは Y のばらつきを説明するのになんら貢献していないと述べる（すなわち $H_0: \beta_1 = 0$）。したがって，帰無仮説 H_0 および対立仮説 H_1 は次のようになる。

$$H_0 : \beta_1 = 0$$
$$H_1 : \beta_1 \neq 0$$

回帰直線によって説明されるばらつき $\left(\sum (\hat{Y}_1 - \bar{Y})^2 = \sum \hat{y}_i^2 \right)$ が，説明されないばらつき（＝残差によるばらつき，$\sum (Y_i - \hat{Y}_i)^2 = \sum (y_i - \hat{y}_i)^2$）よりも著しく大きいときにのみ帰無仮説（$H_0: \beta_1 = 0$）を棄却する。帰無仮説を棄却するということはモデル $Y = \beta_0 + \beta_1 X + \varepsilon$ が妥当であるということ，つまり回帰線のスロープは Y における全てのばらつきを非常によく説明しているということを意味している。

(b) 仮説の検定は『直感的統計学』の第 14 章で詳説した分散分析に基いてい

る。計算過程はそれとほとんど同一である。総変動（SS_T）は回帰線による変動（SS_{Reg}：sum of squares due to regression）と，残差による変動（SS_{Res}：sum of squares due to residuals）とに分けられる。

$$\sum(Y_i - \bar{Y})^2 = \sum(\hat{Y}_i - \bar{Y})^2 + \sum(Y_i - \hat{Y}_i)^2$$

まったく同じなのだが，中心化したデータでは

$$\sum y_i^2 = \sum \hat{y}_i^2 + \sum(y_i - \hat{y}_i)^2 \tag{2.11}$$

すなわち，

$$SS_T = SS_{Reg} + SS_{Res}$$

となる。図 2.8 を参考に次のように理解できる。

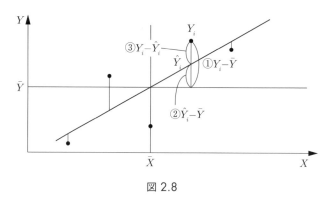

図 2.8

① $Y_i - \bar{Y} = y_i$：$\bar{Y}$ からの変動 $\rightarrow \sum(Y_i - \bar{Y})^2 = SS_T$

② $\hat{Y}_i - \bar{Y} = \hat{y}_i$：回帰線による変動 $\rightarrow \sum(\hat{Y}_i - \bar{Y})^2 = SS_{Reg}$

③ $Y_i - \hat{Y}_i = y_i - \hat{y}_i$：残差による変動 $\rightarrow \sum(Y_i - \hat{Y}_i)^2 = SS_{Res}$

自由度（DF：degrees of freedom）に関しても同じことがいえるので，

$$DF_T = DF_{Reg} + DF_{Res} \tag{2.12}$$

$$n - 1 = k + (n - k - 1)$$

ここで k は推定されるパラメータの数である。この例題の場合，$\hat{Y} = b_1 x$ というモデルにおいて 5 個のデータを用いて 1 つのスロープのパラメータを推定するから，$k = 1$ で $n = 5$ である。

表 2.3 から回帰線による分散（回帰線で説明される分散, MS_{Reg}：mean square due to regression）は,

$$MS_{Reg} = \frac{SS_{Reg}}{k} = \frac{\sum (\hat{Y}_i - \bar{Y})^2}{k} = \frac{\sum \hat{y}_i^2}{k} = \frac{6.40}{1} = 6.40 \qquad (2.13)$$

同様に残差による分散（残差で説明される分散 MS_{Res}：mean square due to residual）は

$$MS_{Res} = \frac{SS_{Res}}{n - k - 1} = \frac{\sum (y_i - \hat{y}_i)^2}{n - k - 1} = \frac{3.60}{5 - 1 - 1} = \frac{3.60}{3} = 1.20 \quad (2.14)$$

この 2 つの分散の比率が F 比率となるので,

$$F = \frac{MS_{Reg}}{MS_{Res}} = \frac{6.40}{1.20} = 5.333 \qquad (2.15)$$

以上のプロセスは ANOVA (analysis of variance) テーブル（表 2.4）に要約されている。

表 2.4 ANOVA テーブル

分散の要因	平方和	自由度	分散	F 比率
回帰線	$SS_{Reg} = \sum (\hat{Y}_i - \bar{Y})^2$ $= \sum \hat{y}_i^2$	k	$MS_{Reg} = \frac{SS_{Reg}}{k}$	$F = \frac{MS_{Reg}}{MS_{Res}}$
残差	$SS_{Res} = \sum (Y_i - \hat{Y}_i)^2$ $= \sum (y_i - \hat{y}_i)^2$	$n - k - 1$	$MS_{Res} = \frac{SS_{Res}}{n-k-1}$	
合計	$SS_T = \sum (Y_i - \bar{Y})^2$ $= \sum y_i^2$	$n - 1$		

例題 2.2 のデータを用いて表 2.4 の ANOVA テーブルを作成すると表 2.5 と

表 2.5

分散の要因	平方和	自由度	分散	F 比率
回帰線	6.40	1	6.40	5.333
残差	3.60	3	1.20	
合計	10	4		

なる。

(c) $\alpha = 0.05$ で，F 比率 (2.15) の分子（回帰線：$\mathrm{MS_{Reg}}$）の自由度が $\phi_1 = 1$ で，分母（残差：$\mathrm{MS_{Res}}$）の自由度が $\phi_2 = 3$ のとき F の境界値は F テーブル（巻末参照）より

$$F_{c, \alpha=0.05, \phi_1=1, \phi_2=3} = 10.13$$

なお，c は境界値 (critical region) を表す。F の境界値と ANOVA から計算された F 値を比較すると

$$\text{計算された } F \text{ 値} = 5.333 < F_{c, \alpha=0.05, \phi_1=1, \phi_2=3} = 10.13$$

となり，計算された F 値は著しく大きくはないので帰無仮説（$H_0 : \beta_1 = 0$）は受け入れられた。

　一般的に，

$$F = \frac{\mathrm{MS_{Reg}}}{\mathrm{MS_{Res}}} = \frac{\mathrm{SS_{Reg}}/k}{\mathrm{SS_{Res}}/(n-k-1)} \tag{2.16}$$

は自由度 $(k, n-k-1)$ の F 分布に従う。

　表 2.4 および表 2.5 を一度つくってしまえば，決定係数および相関係数や標準誤差を計算するのが簡単である。

　表 2.4 および表 2.5 から，決定係数は

$$r^2 = \frac{\sum (\hat{Y}_i - \bar{Y})^2}{\sum (Y_i - \bar{Y})^2} = \frac{\sum \hat{y}_i^2}{\sum y_i^2} = \frac{6.40}{10} = 0.64$$

となり，相関係数は

$$r = \sqrt{0.64} = +0.8$$

となる。また標準誤差は

$$\text{Se} = \sqrt{\frac{\sum (y_i - \hat{y}_i)}{n - k - 1}} = \sqrt{\frac{\text{SS}_{\text{Res}}}{n - k - 1}} = \sqrt{\text{MS}_{\text{Res}}}$$
$$= \sqrt{\frac{3.60}{3}} = \sqrt{1.20} = 1.095$$

となる。

(d) 上記 (c) では F 値は有意な大きさを示さなかった（下の境界値よりも小さかった）ので $\beta_1 = 0$ という帰無仮説は支持された。ということは X は Y とあまり関係がないということである。これは標準誤差 Se にも現れている。Y 値が 4 から 8 まで広がりをみせるとき，標準誤差 Se $= 1.095$ は少々大きすぎる。

　読者は決定係数 $r^2 = 0.64$ はあまり低くはないのはなぜだろうと考えるかもしれない。決定係数では自由度が全然考慮されていない。データの数に比べて推定する回帰線の係数（b_0 や b_1）の数が多いと決定係数は非常に高くなり得る，すなわち 1 に限りなく近づくからである。

　これに反して，F 値を計算するときは自由度が考慮される。この例では，たった 5 個のデータポイントしかなく，中心化したデータでは自由度を 1 つ失うので，4 となる。また，中心化したデータを用いるときは，$Y = b_0 + b_1 X$ ではなく $y = b_1 x$ を用いるので 1 つのパラメータを推定することになる。したがって残差には 3 しか自由度が残ってないことになる。おおざっぱにいえば残差は 3 個しか自由に動けないことになる。したがって $\text{SS}_{\text{Res}} = 3.60$ が小さな数である 3 で割られることで $\text{MS}_{\text{Res}} = 1.20$ とかなり大きな数字になる。その結果，MS_{Reg} を MS_{Res} で割った F 比率は比較的小さな数になる。こういうわけで帰無仮説 $\beta_1 = 0$ は受容されたのである。

　もしも，もっと多くのデータポイントがあり，それでも回帰線の傾斜が認められるならば，帰無仮説は棄却され，直線的な回帰モデルは妥当という結論になるであろう。このように実際には単回帰モデルを検証するのに比較的多くのデータ，できれば $n = 25$ [注] あるいはそれ以上のデータを用いるのが望ましい。

　高い F 値は，回帰線で説明される変数（従属変数）Y のばらつきが説明され

注）　一般に中心極限定理より，30 個以上のデータがあるとき，分布は正規分布と見なされるが，回帰分析の場合でも 25 個以上のデータがあるときは近似的に正規分布と見なされる。それ以下のときは t 分布を用いなければならない，とされる。

ないばらつきよりも相当大きいことを意味し，それは帰無仮説の棄却につながることを上で学んだ。したがって散布図を見てどういう場合に高い F 値になって，どういう場合に低い F 値になるかを視覚的に理解することは非常に役に立つ。

　図 2.9 における (a) と (b) を比較してみよう。両方とも同じスロープをしているが (a) では (b) よりもデータが回帰線のまわりに寄り集まっている。したがって (a) のほうが (b) よりも回帰線のスロープと 0 のスロープ（つまり X 軸）との区別が明確になっている。これからもわかるように (a) の場合は高い F 値を示し，(b) の場合は低い F 値を示す。

　今度は図 2.9 の (c) と (d) を比較してみよう。両方とも緩やかなスロープをしている。しかし (c) では (d) の場合よりもデータが回帰線のまわりに寄り集まっているので，(c) は F 値は比較的高く (d) では比較的に低いということになる。したがって (c) のほうが (d) よりも明確に回帰線のスロープが 0 のスロープと異なるということがいえる。すなわち，(c) では高い F 値を示し，(d) では低い F 値を示すことになる。

　このように F 値の大小はスロープの値だけではわからず，スロープとデータ

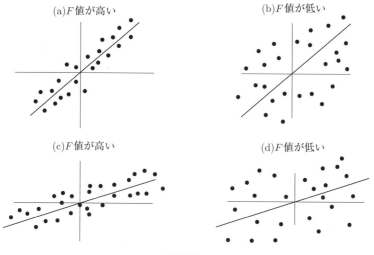

図 2.9

のばらつき具合を考慮しなければならない。回帰直線のスロープを表す係数 b_1 が大きく推定されていても，F 値から，$\beta_0 = 0$ が棄却されるとは限らない。

2.7 中心化したデータのためのショートカット法

■ 回帰係数

X，Y 両方とも中心化したデータを用いたときは，回帰線のスロープ (b_1) は次の式で得られる。

$$b_1 = \frac{\sum(X_i - \bar{X})(Y_i - \bar{Y})}{\sum(X_i - \bar{X})^2} = \frac{\sum x_i y_i}{\sum x_i^2} \tag{2.17}$$

回帰線の正規方程式，式 (2.1) は次の式であった。

$$\sum Y_i = nb_0 + b_1 \sum x_i \tag{2.1}$$

この式の両辺を n で割ると，

$$\bar{Y} = b_0 + b_1 \bar{x}$$

となる。したがって

$$b_0 = \bar{Y} - b_1 \bar{x} \tag{2.18}$$

例題 2.2 では

$$b_1 = \frac{\sum(X_i - \bar{X})(Y_i - \bar{Y})}{\sum(X_i - \bar{X})^2} = \frac{\sum x_i y_i}{\sum x_i^2} = \frac{8}{10} = 0.8$$

より，式 (2.18) では $\bar{Y} = 6$ で（中心化したデータなので）$\bar{x} = 0$ だから，これらを代入すると

$$b_0 = 6 - b_1 \times 0 = 6$$

したがって，

$$\hat{Y} = 6 + 0.8x$$

これは例題 2.2(b) の式 (2.5) と同一である。

ANOVA テーブル

データ数が多くなると $\hat{Y}_i$ を計算するのは簡単ではなくなる。したがって $\mathrm{SS_{Reg}}$, $\mathrm{SS_{Res}}$ および $\mathrm{SS_T}$ を計算するときは次の式を用いるとよい。

$$\mathrm{SS_{Reg}} = \sum (\hat{Y}_i - \bar{Y})^2$$
$$= b_1 \sum (X_i - \bar{X})(Y_i - \bar{Y})$$
$$= b_1 \sum x_i y_i \tag{2.19}$$
$$\mathrm{SS_T} = \sum (Y_i - \bar{Y})^2 = \sum y_i^2 \tag{2.20}$$
$$\mathrm{SS_{Res}} = \mathrm{SS_T} - \mathrm{SS_{Reg}}$$
$$= \sum (Y_i - \bar{Y})^2 - b_1 \sum (X_i - \bar{X})(Y_i - \bar{Y})$$
$$= \sum y_i^2 - b_1 \sum x_i y_i \tag{2.21}$$

表 2.6

元のデータ		中心化したデータ				
X_i	Y_i	$x_i = X_i - \bar{X}$	$y_i = Y_i - \bar{Y}$	$x_i y_i$	y_i^2	x_i^2
2016	5	-2	-1	2	1	4
2017	4	-1	-2	2	4	1
2018	7	0	1	0	1	0
2019	6	1	0	0	0	1
2020	8	2	2	4	4	4
	30	0	0	8	10	10

式 (2.19), (2.20), (2.21) に表 2.6 からのデータを代入すると

$$\mathrm{SS_{Reg}} = \sum (\hat{Y}_i - \bar{Y})^2 = b_1 \sum x_i y_i = 0.8 \times 8 = 6.4$$
$$\mathrm{SS_T} = \sum (Y_i - \bar{Y})^2 = \sum y_i^2 = 10$$
$$\mathrm{SS_{Res}} = \sum (Y_i - \hat{Y}_i)^2 = \sum y_i^2 - b_1 \sum x_i y_i = 10 - 6.4 = 3.6$$

これらの数字は表 2.5 の ANOVA の平方和の数字と全く同じである。

以上の中心化したデータにおけるショートカット計算法に基いた ANOVA テーブルは次のようになる。

表 2.7　中心化したデータにおける ANOVA テーブル

分散の要因	平方和	自由度	分散	F 比率
回帰線	$SS_{Reg} = b_1 \sum x_i y_i$	k	$MS_{Reg} = \frac{SS_{Reg}}{k}$	$F = \frac{MS_{Reg}}{MS_{Res}}$
残差	$SS_{Res} = \sum y_i^2 - b_1 \sum x_i y_j$	$n - k - 1$	$MS_{Res} = \frac{SS_{Res}}{n-k-1}$	
合計	$SS_T = \sum y_i^2$	$n - 1$		

■ 数学的考察

中心化したデータを用いた回帰線のモデルは

$$\hat{y}_i = bx_i \quad \cdots\cdots\cdots\cdots\cdots\cdots\cdots① $$

である。個々に観察したデータに関しては次の関係が成り立つ。

$$y_i = bx_i + e_i \quad \cdots\cdots\cdots\cdots\cdots\cdots\cdots② $$

したがって，②－① から

$$e_i = y_i - \hat{y}_i \quad \cdots\cdots\cdots\cdots\cdots\cdots\cdots③ $$

となる。

最小二乗法では次の 2 つの条件を満たす。

第 1 の条件は

$$\sum e_i = \sum (y_i - \hat{y}_i) = 0 \quad \cdots\cdots\cdots\cdots④ $$

第 2 の条件は

$$\sum e_i^2 = \sum (y_i \hat{y}_i)^2 \text{ が最小} \quad \cdots\cdots\cdots⑤ $$

$\sum e_i^2$ は次のように書き換えられる。

$$\sum e_i^2 = \sum (y_i - \hat{y}_i)^2 = \sum (y - bx_i)^2 \quad \cdots\cdots\cdots⑥ $$

ここで $\sum e_i^2$ を最小にするような b を求めるために $\sum e_i^2$ を b で偏微分する。変数が 2 つ以上あり，最大値または最小値を求めるときに，偏微分は欠かせない手法である。詳しくは第 4 章で説明したい。

$$\frac{\partial \sum e_i^2}{\partial b} = 2 \sum (y - bx_i)(-x_i) = 0 \quad \cdots\cdots\cdots⑦ $$

$$-2 \sum (x_i y_i - b x_i^2) = 0 \quad \cdots\cdots\cdots\cdots\cdots\cdots ⑧$$

$$\sum x_i y_i = b \sum x_i^2 \quad \cdots\cdots\cdots\cdots\cdots\cdots\cdots ⑨$$

$$b = \frac{\sum x_i y_i}{\sum x_i^2} \quad \cdots\cdots\cdots\cdots\cdots\cdots ⑩$$

ここで ⑩ は式 (2.17) と同一であることに注意。言い換えると式 (2.17) は数学的にはこのように得られるということである。

また表 2.7 を行列の記号（第 4 章参照）を使って書くと次のようになる。

表 2.8　行列の記号を用いた ANOVA テーブル

分散の要因	平方和	自由度	分散	F 比率
回帰線	$\mathrm{SS_{Reg}} = b'X'Y$	k	$\mathrm{MS_{Reg}} = \frac{\mathrm{SS_{Reg}}}{k}$	$F = \frac{\mathrm{MS_{Reg}}}{\mathrm{MS_{Res}}}$
残差	$\mathrm{SS_{Res}} = Y'Y - b'X'Y$	$n-k-1$	$\mathrm{MS_{Res}} = \frac{\mathrm{SS_{Res}}}{n-k-1}$	
合計	$\mathrm{SS_T} = Y'Y$	$n-1$		

次に本章の総まとめの意味で，次の例題を解いてみよう。

例題2.4

ある会社のトップマネジメントが，セールスマンの売るコンピューターの台数と経験年数には関係があるかどうかを判断しようとしている。

経験年数 (X)	4	1	4	5	6
販売台数 (Y)	4	6	5	8	7

このようなデータが与えられているとき，以下の問に答えなさい。

(a) 散布図を描きなさい。

(b) 回帰直線の式を求めなさい。

(c) 帰無仮説および対立仮説を述べなさい。

(d) ANOVA テーブルを作成しなさい。

(e) $\alpha = 0.05$ で仮説の検定をしなさい。

(f) 標準誤差を計算しなさい。

(g) 決定係数および相関係数を計算しなさい。

(h) あるセールスマンが 3 年の経験があるとき，期待される販売台数を予測しなさい。

解答

(a) XY 平面にデータポイントをプロットすると図 2.10 のようになる。

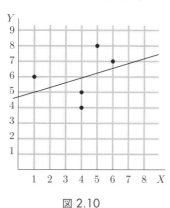

図 2.10

(b) まず次のような表を作成する。

表 2.9

Y_i	X_i	$y_i = Y_i - \bar{Y}$	$x_i = X_i - \bar{X}$	$x_i^2 = (X_i - \bar{X})^2$	$x_i y_i = (X_i - \bar{X})(Y_i - \bar{Y})$	$y_i^2 = (Y_i - \bar{Y})^2$
4	4	-2	0	0	0	4
6	1	0	-3	9	0	0
5	4	-1	0	0	0	1
8	5	$+2$	1	1	2	4
7	6	$+1$	2	4	2	1
30	20	0	0	14	4	10

$\bar{X} = 4, \bar{Y} = 6$

b_1 は式 (2.17) と表 2.9 から

$$b_1 = \frac{\sum (X_i - \bar{X})(Y_i - \bar{Y})}{\sum (X_i - \bar{X})^2} = \frac{\sum x_i y_i}{\sum x_i^2} = \frac{4}{14} = \frac{2}{7}$$

式 (2.18) から

$$b_0 = \bar{Y} - b_1 \bar{X} = 6 - \frac{2}{7} \times 4 = \frac{42}{7} - \frac{8}{7} = \frac{34}{7}$$

したがって

$$\hat{Y} = \frac{34}{7} + \frac{2}{7} X$$

(c)
$$\text{帰無仮説 } H_0 : \beta_1 = 0$$
$$\text{対立仮説 } H_1 : \beta_1 \neq 0$$

(d) 式 (2.19) および表 2.9 から

$$\begin{aligned} \text{SS}_{\text{Reg}} &= \sum (\hat{Y}_i - \bar{Y})^2 = b_1 \sum (X_i - \bar{X})(Y_i - \bar{Y}) \\ &= b_1 \sum x_i y_i \\ &= \frac{2}{7} \times 4 = \frac{8}{7} \quad \cdots\cdots\cdots\cdots\cdots\cdots\cdots ① \end{aligned}$$

式 (2.20) と表 2.9 から

$$\text{SS}_{\text{T}} = \sum (Y_i - \bar{Y})^2 = \sum y_i^2 = 10 \cdots\cdots\cdots\cdots ②$$

① と ② から

$$\begin{aligned} \text{SS}_{\text{Res}} &= \text{SS}_{\text{T}} - \text{SS}_{\text{Reg}} \\ &= \sum (Y_i - \bar{Y})^2 - b_1 \sum (X_i - \bar{X})(Y_i - \bar{Y}) \\ &= \sum y_i^2 - b_1 \sum x_i y_i = 10 - \frac{8}{7} = \frac{70 - 8}{7} = \frac{62}{7} \cdots\cdots ③ \end{aligned}$$

① 〜③ の情報を用いて次の ANOVA テーブルが作成された。

分散の要因	平方和	自由度	分散	F 比率
回帰線	8/7	1	8/7	$12/31 (= 0.387)$
残差	62/7	3	62/21	
合計	10	4		

(e) F 値は (d) で得られた ANOVA テーブルより，

$$\frac{8/7}{62/21} = \frac{8 \times 3}{62} = \frac{12}{31} = 0.387$$

なので，$\alpha = 0.05$ で F の境界値は

$$F_{c,\alpha=0.05,\phi_1=1,\phi_2=3} = 10.13$$
$$F_c = 10.13 > F = 0.387$$

当モデルの F 値は有意の値を示していないので，帰無仮説が受け入れられる。すなわち，このモデルでは X の変動によって Y の変動を説明することはできないということである。

(f) このモデルの標準誤差は

$$\mathrm{Se} = \sqrt{\frac{\mathrm{SS_{Res}}}{n-k-1}} = \sqrt{\mathrm{MS_{Res}}} = \sqrt{62/21} = \sqrt{2.95} = 1.717$$

(g) 決定係数および相関係数は

$$r^2 = \frac{\sum(\hat{Y}_i - \bar{Y})^2}{\sum(Y_i - \bar{Y})^2} = \frac{\sum \hat{y}_i^2}{\sum y_i^2} = \frac{8/7}{10} = \frac{8}{70} = 0.1143$$
$$r = +\sqrt{0.1143} = +0.3376$$

(h) 回帰線の式は

$$\hat{Y} = \frac{34}{7} + \frac{2}{7}X$$

$X = 3$ のとき，

$$\hat{Y} = \frac{34}{7} + \frac{2}{7} \times 3 = \frac{34}{7} + \frac{6}{7} = \frac{40}{7} = 5.714$$

　このデータは回帰線のまわりに広く分布している。その結果，$r^2 = 0.1143$ となり，これは Y におけるばらつきのうち，たった 11.43％しか回帰線で説明できていないことを示している。

　F の境界値 10.13 は比較的大きな数字であるが，これは自由度があまりにも少ないからであろう。データの数が 5 つしかないときに回帰線の 2 つのパラ

メータを推定すると，残差に自由度 3 しか残らない勘定になる。同じことなの
だが，中心化したデータでは自由に動けるデータの数は 4 つで，推定するパラ
メータの数は 1 つ (β_1) だから，残差には 3 つの自由度しか残らないことにな
る。この状態でモデルが妥当と見なされるためには，F 値は $F = 10.13$ より
も大きくなければならない。この例題では F 値は 0.387 で境界値の 10.13 より
もはるかに小さい。そして，標準誤差 Se $= 1.717$ は Y 値が 4 から 8 までばら
ついているという Y の範囲を考えたとき，あまりにも大きい数字である。この
ように色々な点でこのモデルは良くないということがわかる。

2.8　ユニバースの回帰係数に関する推定

■ スロープ β_1 の仮説検定

前節ではサンプル回帰線 $\hat{Y} = b_0 + b_1 X$ をサンプルデータから得てユニバー
スの回帰線を推定した。$\bar{X}$ や Se のように，他のいかなるサンプルによる推定
値と同様に b_1 もまた確率変数であり，モデル $\hat{Y} = \beta_0 + \beta_1 X + \varepsilon$ におけるユニ
バースのパラメータ β_1 のまわりに分布している。この節では，図 2.11 で示さ
れるように，t テストを用いてユニバースのパラメータ β_1 が仮説値である β_1*
と有意な差があるかどうかを調べようとしているのである。

回帰線のまわりの観測値のばらつきは正規分布であり，全ての ε_i は同一の正
規分布から来ていると仮定する。そうすると小さなサンプルから計算された b_1
のサンプリング分布は平均値 β_1 で，標準偏差が式 (2.22) で表される t 分布に
従う。

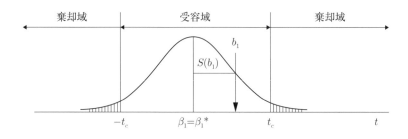

図 2.11

$$S(b_1) = \frac{\text{Se}}{\sqrt{\sum (X_i - \bar{X})^2}} \tag{2.22}$$

ここで,

$$\text{Se} = \sqrt{\frac{\sum (Y_i - \hat{Y}_i)^2}{n-2}}$$

であり,この Se は自由度 $n-2$ であることに注意しよう。

仮説検定のプロセスは次の通りである。

1. 仮説を述べる。

$$H_0 : \beta_1 = \beta_1*$$
$$H_1 : \beta_1 \neq \beta_1*$$

ここで β_1* は β_1 の仮説として用いられた値である。

2. データから計算されたサンプル推定値 b_1 に関して t テストを行う。

$$t = \frac{b_1 - \beta_1*}{S(b_1)} \tag{2.23a}$$

$$= \frac{b_1 - \beta_1*}{\text{Se}/\sqrt{\sum (X_i - \bar{X})^2}} \tag{2.23b}$$

3. 計算された t 値は $(1-\alpha)\%$ の信頼度で,または同じことではあるが α レベルの有意度で,決定された自由度 ϕ のときの t の境界値 $(t_{c, \alpha/2, \phi=n-2})$ と比較される。

例題 2.5

例題 2.1 を用いて有意水準 $\alpha = 0.05$ のとき仮説 $\beta_1 = 0$ を検定しなさい。

解答

これは両側テストである。

1. 仮説は次のように述べられる。

$$H_0 : \beta_1 = 0$$
$$H_1 : \beta_1 \neq 0$$

2. 例題 2.1 の結果を要約すると，

$$\hat{Y} = 2.1 + 0.5X \quad \text{すなわち} \quad b_1 = 0.5$$

そして

$$\text{Se} = \sqrt{\frac{\sum(Y_i - \hat{Y}_i)^2}{n - 2}} = 0.948$$

表 2.2 から

$$\sum(X_i - \bar{X})^2 = \sum x_i^2 = 10$$

3. したがって，

$$S(b_1) = \frac{\text{Se}}{\sqrt{\sum(X_i - \bar{X})^2}} = \frac{0.948}{\sqrt{10}} = \frac{0.948}{3.162} = 0.3$$

4. t 値は $\beta_1 = 0$ の下で $t = \dfrac{b_1 - \beta_1}{S(b_1)}$ によって計算される。すなわち，

$$t = \frac{0.5 - 0}{0.3} = \frac{0.5}{0.3} = 1.667$$

5. 自由度が 3 $(\phi = n - 2 = 3)$ で $\alpha = 0.05$ $(\alpha/2 = 0.025)$ のときの t の境界値は t テーブル（巻末参照）より，$t_{c, \alpha/2=0.025, \phi=3} = 3.182$ とわかる。

6. 計算された t の絶対値は t の境界値よりも小さい。すなわち

$$|t = 1.677| < |t_c| = 3.182$$

よって帰無仮説 $H_0 : \beta_1 = 0$ は受け入れられる。つまりスロープはゼロと著しく違わず，当モデルは Y のばらつきを十分説明していないということを意味している。この状況は図 2.12 に示されている。

ここで我々は b_1 の検定をするのにサンプルサイズは小さいと仮定して t 値を計算した。それは現実的にサンプルサイズが小さいことが多いからであるが，サンプルサイズが 30 以上のときはこの検定に Z 値を用いることもできる。それは t テーブルの一番下の数を用いるのと同じだから，t テーブルを常に用いる

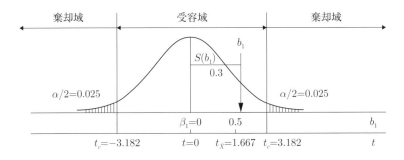

図 2.12

と考えることもできる。

また，この例では仮説である β_1 の値（すなわち β_1*）は 0 と仮定したが，いかなる数値でも用いることができる。しかし一番よく用いられるのはやはり 0，すなわち $H_0 : \beta_1 = 0$ である。つまり我々は β_1 が Y の変動を説明するのに何の役にも立たないという仮説を立てる。データから β_1 の著しい t 値を観察したときにのみ帰無仮説を棄却し，対立仮説 $H_1 : \beta_1 \neq 0$ を受け入れる。これはモデルが Y の変動を十分よく説明しているということである。

我々は帰無仮説をテストするのに F テストおよび t テストを学んだ。F テストはモデル全体の有意性をテストするときに用いられるのに対して，t テストは個々の説明変数の係数の有意性をテストするのに用いられるのである。この章では説明変数が 1 つの単回帰線を用いているために F と t との区別が明瞭ではない。事実，この場合の F 値は t 値を 2 乗した値である。しかしながら $Y = \beta_0 + \beta_1 X_1 + \beta_2 X_2 + \varepsilon$ のように説明変数が 2 つ以上になった場合は，この区別は非常に重要になってくる。このトピックは次章で学ぶ。

吉田の心得2-2

　今までの拙著では随所で，勉強するときには急峻な山を登るときのように適宜スローダウンすることをおすすめしてきたが，本書とともに少々高度な統計学を征服しようとしている貴方には，特にここでスローダウンすることをおすすめしたい。私は高等学校で数学がわからなくなり，その結果，理系に行かず，文系に

進んだということは『直感的統計学』の序文で述べた。その後，米国の大学院で
統計学を専攻した際に，理解が不十分だと感じたときは，もう一度そのクラスを
受講し，だいぶよくわかるようになった経験がある。いわば自己申請の落第をし
たのである。山を登るときは誰も貴方がどれくらい早く頂上に着いたかなどは問
題にしない。自分のペースで一歩一歩踏みしめて高い山の頂上に着いたときのあ
の素晴らしい気分を思い出してほしい。

吉田の心得2-3

むかし徳川家康が「人生は重い荷物を背負って遠くへ行くようなものだ」と
いったそうだ。つまり走ったりしたら，長く歩けない。「ゆっくりと先を急がず
に歩いていくしかない」というわけだ。これと同じような言い伝えが米国にもあ
る。「象をどうやって一頭全部食べるのか」と聞かれて，ある人が「一口ずつ食べ
るだけだ」といったそうな。巨大なものを食べる場合でも一口ずつゆっくりと噛
んで消化していかないと腹を下したりして全部食べられない。この本もそうであ
る。ゆっくりと時間をかけて読んでいかないと全部を理解することは困難であろ
う。また，孔子は「止まりさえしなければ，どんなにゆっくりでも進めばよい」
と言ったとされている。

練 習 問 題

1. 普通株の投資に関して，リスクとリターンとの間には直線的な関係があるとされる。
   もし株式 A に対する標準誤差で測定されたリスクが高ければ，投資家はその補償とし
   て高いリターンを求めることになる。15 銘柄の株式のサンプルから次のようなデー
   タを得た。

リスク	(X)	1	2	3	4	5	6	7	8	9	10	11	12	13	14	15
リターン	(Y)	2	1	4	6	6	4	7	5	6	7	8	6	8	11	9

（単位： パーセント）

   (a) 回帰直線の式を求めなさい。

   (b) リスクが 8％のとき，要求されるリターンを求めなさい。

   (c) Y_k の標準誤差 $S(Y_k)$ を求めなさい。

(d) この推定値の 95%信頼区間を求めなさい。

(e) 決定係数および相関係数を計算しなさい。

(f) 帰無仮説および対立仮説を述べなさい。

(g) ANOVA テーブルを作成しなさい。

(h) 有意水準 $\alpha = 0.05$ で仮説を検定しなさい。

2. 次のデータを用いて問題 1 の (a) から (h) のを繰り返しなさい。

リスク (X)	1	2	3	4	5	6	7	8	9	10	11	12	13	14	15
リターン (Y)	2	4	6	4	7	5	7	7	10	8	11	12	11	12	14

(単位：パーセント)

3. 次のようなデータが与えられているとき，

年 (X)	2018	2019	2020	2021	2022
売上 (Y)	1,240	1,270	1,260	1,300	1,280

(単位：億円)

(a) 回帰直線の式を求めなさい。

(b) 2023 年に予測される売上高を求めなさい。

(c) 帰無仮説および対立仮説を述べなさい。

(d) ANOVA テーブルを作成しなさい。

(e) Y_k の標準誤差 Se を求めなさい。

(f) この推定値の 99%信頼区間を求めなさい。

(g) 決定係数および相関係数を求めなさい。

(h) 有意水準 $\alpha = 0.01$ で仮説を検証しなさい。

(i) この結果は何を意味するか述べなさい。

4. 次のようなデータが与えられているとき，

年 (X)	2018	2019	2020	2021	2022
売上 (Y)	253	255	256	256	255

(単位：百万円)

(a) 回帰直線の式を計算しなさい。

(b) 2023 年に予測される売上高を求めなさい。

(c) 帰無仮説および対立仮説を述べなさい。

(d) ANOVA テーブルを作成しなさい。

(e) Y_k の標準誤差 $S(Y_k)$ を求めなさい。

(f) この推定値の 95％の信頼区間を求めなさい。

(g) 決定係数および相関係数を求めなさい。

(h) 有意水準 $\alpha = 0.05$ のとき，仮説を検証しなさい。

(i) この結果は何を意味するか述べなさい。

5. 次のような情報が与えられているとき，

$$n = 15, \quad \sum(X_i - \bar{X})(Y_i - \bar{Y}) = 100, \quad \sum(X_i - \bar{X})^2 = 200,$$
$$\bar{X} = 5, \quad \bar{Y} = 10, \quad \sum(Y_i - \bar{Y})^2 = 80$$

(a) $Y = b_0 + b_1 X$ となる回帰線の式を求めなさい。

(b) $X = 20$ のとき推定される Y の値を求めなさい。

(c) β_1 に関する帰無仮説および対立仮説を述べなさい。

(d) ANOVA テーブルを作成しなさい。

(e) Y_k の標準誤差 Se を計算しなさい。

(f) この推定値の 95％の信頼区間を求めなさい。

(g) 決定係数および相関係数を計算しなさい。

(h) 有意水準 $\alpha = 0.05$ で仮説を検証しなさい。

(i) この結果は何を意味するか述べなさい。

6. 次のような情報が与えられているとき，

$$n = 20, \quad \sum(X_i - \bar{X})(Y_i - \bar{Y}) = 150, \quad \sum(X_i - \bar{X})^2 = 120,$$
$$\bar{X} = 8, \quad \bar{Y} = 12, \quad \sum(Y_i - \bar{Y})^2 = 200$$

(a) $Y = b_0 + b_1 X$ となる回帰線の式を求めなさい。

(b) $X = 20$ のとき推定される Y の値を求めなさい。

(c) β_1 に関する帰無仮説および対立仮説を述べなさい。

(d) ANOVA テーブルを作成しなさい。

(e) Y_k の標準誤差 $S(Y_k)$ を計算しなさい。

(f) β_1 の推定値の 95％の信頼区間を求めなさい。

(g) 決定係数および相関係数を計算しなさい。

(h) 有意水準 $\alpha = 0.01$ で仮説を検証しなさい。

(i) この結果は何を意味するか述べなさい。

7. 次のようなデータが与えられているとき，

売上　　(X)	314	315	316	317	318
全費用 (Y)	204	202	205	203	206

（単位：百万円）

(a) 回帰直線の式を求めなさい。

(b) 売上高が 320 百万円のとき，全費用の期待値および利益を予測しなさい。

(c) 損益分岐点での売上高はいくらか。

(d) 帰無仮説および対立仮説を述べなさい。

(e) ANOVA テーブルを作成しなさい。

(f) Y_k の標準誤差 $S(Y_k)$ を計算しなさい。

(g) 決定係数および相関係数を計算しなさい。

(h) β_1 の推定値の 95％の信頼区間を求めなさい。

(i) $\alpha = 0.05$ で仮説を検証しなさい。

(j) この結果は何を意味するか述べなさい。

8. 練習問題 1 を用いて，

1) $\alpha = 0.05$ のとき，次のプロセスを踏んで仮説 $\beta_1 = 0$ をテストしなさい。

(a) 帰無仮説および対立仮説を述べなさい。

(b) b_1 の標準誤差 $S(b_1)$ を求めなさい。

(c) 得られた b_1 の推定値 $b_1 = 0.5$ の t 値を計算しなさい。

(d) t の境界値を求めなさい。

(e) 結論を述べなさい。

2) β_1 の 95％信頼区間を求めなさい。

3) この結果は練習問題 1 の結果と一貫しているか検討しなさい。

9. 練習問題 1 を用いて，

1) $\alpha = 0.05$ のとき，次のプロセスを踏んで仮説 $\beta_0 = 0$ をテストしなさい。

(a) 帰無仮説および対立仮説を述べなさい。

(b) b_0 の標準誤差 $S(b_0)$ を求めなさい。

(c) 得られた b_0 の推定値 $b_0 = 2$ の t 値を計算しなさい。

(d) t の境界値を求めなさい。

(e) 結論を述べなさい。

2) β_0 の 95％信頼区間を求めなさい。

10. 練習問題 1 を用いて，$X_k = 12$ のとき，次のプロセスを踏んで Y の平均値 $\hat{Y}$ の 95％の信頼区間を求めなさい。

    (a) $X_k = 12$ のとき予測された Y の平均値 Y_k を推定しなさい。

    (b) Y_k の標準誤差 $S(Y_k)$ を計算しなさい。

    (c) t の境界値を求めなさい。

    (d) $\hat{Y}$ の 95％信頼区間を計算しなさい。

11. 練習問題 4 を用いて，

    1) $\alpha = 0.05$ で仮説 $\beta_1 = 0$ を次のプロセスを踏んでテストしなさい。

       (a) 帰無仮説および対立仮説を述べなさい。

       (b) b_1 の標準誤差 $S(b_1)$ を計算しなさい。

       (c) 得られた b_1 の推定値 $b_1 = 0.5$ の t 値を計算しなさい。

       (d) t の境界値を求めなさい。

       (e) 結論を述べなさい。

    2) β_1 の 95％信頼区間を計算しなさい。

    3) これらの結果は練習問題 4 と一貫しているか否かを述べなさい。

12. 練習問題 4 を用いて，$\alpha = 0.05$ のとき，次のプロセスにしたがって，$\beta_0 = 0$ の仮説を検証しなさい。

    (a) 帰無仮説および対立仮説を述べなさい。

    (b) b_0 の標準誤差 $S(b_0)$ を求めなさい。

    (c) 上記で得られた b_0 の推定値 $b_1 = 255$ の t 値を求めなさい。

    (d) t の境界値を求めなさい。

    (e) 結論を述べなさい。

    注意：ここで中心化した X のデータを用いることを仮定する。すなわち $Y = b_0 + b_1 x$ および $\sum (X_i - \bar{X})^2 = \sum x_i^2$ を用いることを仮定する。

13. 練習問題 4 で $X_k = 2022$ が与えられているとき，次のステップを踏んで Y の平均値 $\hat{Y}$ の 95％信頼区間を計算しなさい。

    (a) Y_k の標準誤差 $S(Y_k)$ を計算しなさい。

    (b) t の境界値を求めなさい。

    (c) $\hat{Y}$ の 95％信頼区間を計算しなさい。

第3章
重回帰分析

3.1 重回帰方程式

第1章および第2章で扱われた回帰方程式は1つの独立変数（説明変数）と1つの従属変数とがあるだけの比較的簡単なものであった。方程式は次のように表現された。

$$\hat{Y} = b_0 + b_1 X_1 \tag{3.1}$$

この章では2個の説明変数のある回帰直線について考察する。方程式は次のようになる。

$$\hat{Y} = b_0 + b_1 X_1 + b_2 X_2 \tag{3.2}$$

実際の例として，磨き板ガラスの製造会社の売上 (Y) が自動車の需要 (X_1) と建設の需要 (X_2) に依存している例を考えてみよう。自動車の生産量が多ければ，磨き板ガラスの需要は高まる。同様に多くの建物が建設されれば，当然磨き板ガラスの需要も高くなる。このように磨き板ガラスの生産水準は主にこの2つの業界の活動水準によって決定されると想定する。この状況が式 (3.2) に表されている。

考えようによっては単回帰線は b_0 と b_1 以外の全ての説明変数の係数 (b_i) が0であるという，重回帰線の特殊な場合とも捉えることができる。重回帰線は単回帰線よりも多くの独立変数を含むので従属変数 (Y) の変動をよりよく説明することができる。そのため，より正確な予測をすることが期待できる。

■ 重回帰線の図示

2 つの説明変数 (X_1, X_2) と 1 つの従属変数 (Y) が関係するとき，重回帰方程式を図示すると線ではなく面を示す。2 つの説明変数がある重回帰方程式は，3 次元の空間に散らばっているそれぞれの観察された点からの垂直の距離の 2 乗の総和を最小にするような面を表す。

図 3.1 は重回帰方程式 $\hat{Y} = 1/4 + 1/2 X_1 + 3/4 X_2$ に基いて描かれた面を図示したものである（この方程式は後に例題 3.1 として取り上げる）。この回帰面は空間に 1 枚の板ガラスが浮いている状態を表している。

X_2 を一定に保ちながら X_1 を 1 単位増加（図 3.1 では右方向）させれば，Y は 1/2 単位増加（上方向）する。すなわち X_1 に沿った面の傾斜（スロープ）は 1/2 ということである。同様に，X_1 を一定に保ちながら，X_2 を 1 単位増加（手前方向）させたならば Y は 3/4 単位増加（上方向）すること

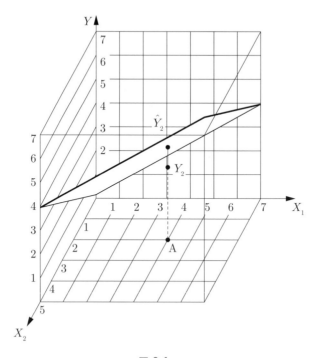

図 3.1

になる。面の高さが最小になるのは $X_1 = 0$, $X_2 = 0$ のとき, すなわち $\hat{Y} = 1/4 + 1/2X_1 + 3/4X_2 = 1/4 + (1/2) \times 0 + (3/4) \times 0 = 1/4$ となる。また, $X_1 = 7$, $X_2 = 5$ のとき $\hat{Y}$ の高さは $\hat{Y} = 1/4 + (1/2) \times 7 + (3/4) \times 5 = 7.5$ となる。

全ての $\hat{Y}_i$ は回帰面上にある。そして, $\hat{Y}_i$ と Y_i の間の垂直距離が予測誤差である。たとえば床面 $(Y = 0)$ 上の点 A $(X_1 = 4, \ X_2 = 2)$ を考えてみよう。その垂直の真上に観察された $Y_2 (= 3)$ がある。つまり Y_2 の値である 3 が点の高さを表しているわけである。そのさらに上の回帰面上に $\hat{Y}_2 (= 15/4)$ があるのがわかる。その誤差は $Y_2 - \hat{Y}_2 = 3 - 15/4 = -3/4$ である。

一度回帰面の適切な位置が得られれば, 我々は特定の X_1 と X_2 の位置における高さ $\hat{Y}$, すなわち, $\hat{Y}$ の値を推定することができる。一般に推定された回帰面は b_0 が Y 切片で, b_1 が X_1 軸に沿ったスロープ, b_2 が X_2 軸に沿ったスロープであるとき, $\hat{Y} = b_0 + b_1X_1 + b_2X_2$ で表される。b_1 は X_1 が 1 単位増加したときに Y が何単位増加するかということを示しており, 同様に b_2 は X_2 が 1 単位増加したときに Y が何単位増加するかを示している。この場合もう片方の変数は変わらないように固定されていると仮定している。

■ 正規方程式

2 つの独立変数があるときには式 (3.2) で明らかなように, 3 個の未知のユニバースのパラメータ $(\beta_0, \beta_1, \beta_2)$ を推定しなければならず, 3 つの正規方程式を必要とする。すなわち,

$$
\begin{cases}
\sum Y_i = nb_0 + b_1 \sum X_{1i} + b_2 \sum X_{2i} & (3.3) \\
\sum Y_iX_{1i} = b_0 \sum X_{1i} + b_1 \sum X_{1i}^2 + b_2 \sum X_{1i}X_{2i} & (3.4) \\
\sum Y_iX_{2i} = b_0 \sum X_{2i} + b_1 \sum X_{1i}X_{2i} + b_2 \sum X_{2i}^2 & (3.5)
\end{cases}
$$

この 3 つの連立方程式を解いて, b_0, b_1, b_2 を決定することもできるが, 計算に非常に手間がかかるので, ここではデータを中心化することにより推定するパラメータの数を 3 個から 2 個にする方法をとる。そのプロセスは以下の通りである。

まず全てのデータを次の式を用いて中心化する。

$$y_i = Y_i - \bar{Y}, \quad x_{1i} = X_{1i} - \bar{X}_1, \quad x_{2i} = X_{2i} - \bar{X}_2$$

式 (3.2) から回帰面の方程式は

$$\hat{Y} = b_0 + b_1 X_1 + b_2 X_2 \tag{3.2}$$

式 (3.3) から

$$\sum Y_i = n b_0 + b_1 \sum X_{1i} + b_2 \sum X_{2i} \tag{3.3}$$

式 (3.3) の両辺を n で割ると

$$\frac{\sum Y_i}{n} = b_0 + b_1 \frac{\sum X_{1i}}{n} + b_2 \frac{\sum X_{2i}}{n} \tag{3.6}$$

すなわち,

$$\bar{Y} = b_0 + b_1 \bar{X}_1 + b_2 \bar{X}_2 \tag{3.7}$$

式 (3.2) と式 (3.7) から

$$\hat{Y} - \bar{Y} = (b_0 - b_0) + b_1(X_1 - \bar{X}_1) + b_2(X_2 - \bar{X}_2)$$

ここで $\hat{Y} - \bar{Y} = \hat{y}$, $X_1 - \bar{X}_1 = x_1$, および $X_2 - \bar{X}_2 = x_2$ であるから

$$\hat{y} = b_1 x_1 + b_2 x_2 \tag{3.8}$$

このように回帰方程式は元の $X_1 X_2 Y$ 空間での $\hat{Y} = b_0 + b_1 X_1 + b_2 X_2$ ではなく, 中心化したデータを用いた $x_1 x_2 y$ 空間での $\hat{y} = b_1 x_1 + b_2 x_2$ となる。つまり, 3 個のパラメータ $(\beta_0, \beta_1, \beta_2)$ を推定するのではなく, 2 個のパラメータ (β_1, β_2) を推定すればよいことになる。

中心化したデータでは, 回帰方程式 $\hat{y} = b_1 x_1 + b_2 x_2$ の b_1 と b_2 を決定するための正規方程式は次の通り。

$$\begin{cases} b_1 \sum x_1^2 + b_2 \sum x_1 x_2 = \sum x_1 y & (3.9) \\ b_1 \sum x_1 x_2 + b_2 \sum x_2^2 = \sum x_2 y & (3.10) \end{cases}$$

この連立方程式は通常の消去法で解くこともできるが，次の公式を用いて解くこともできる。

$$b_1 = \frac{(\sum x_1 y)(\sum x_2^2) - (\sum x_1 x_2)(\sum x_2 y)}{(\sum x_1^2)(\sum x_2^2) - (\sum x_1 x_2)^2} \tag{3.11}$$

$$b_2 = \frac{(\sum x_1^2)(\sum x_2 y) - (\sum x_1 y)(\sum x_1 x_2)}{(\sum x_1^2)(\sum x_2^2) - (\sum x_1 x_2)^2} \tag{3.12}$$

▮ 重回帰式の推定

ある自動車メーカーの担当者は軽トラックの毎年の需要予測をしようとしている。需要は工場出荷台数，または販売店売上台数，または新車登録台数などで把握することができる。我々は，データの信頼性という点から新車登録台数によってトラックの需要を測ることにする。

自動車メーカーの担当者の主な目的は，独立変数（説明変数）が与えられているとき，軽トラックの需要がどのくらいかを予測することである。たとえば，すべての軽トラックの新車登録台数のうち，45％が個人の輸送手段として，31％は商用として，そして24％は農業用として用いられていることがわかっているとしよう。したがって，この分野のマーケットの購買力の指標として，次の3個の変数：(1) 価格調整後の可処分所得，(2) 企業の税引き後利益，(3) 農業従事者の所得が説明変数として用いられるのが適切と思われる。

価格調整後の可処分所得は消費者の購買力を測る尺度として適切である。また，儲かっている企業ほど器具備品を購入するであろうから，企業の税引き後利益は企業の購買力を測定する適切な尺度となる。同様に，農業従事者たちは所得が高いときにさらに器具備品を購入するであろう。したがってこれらの説明変数は軽トラックの潜在需要を推定するためのよい尺度となる。

話を簡単にするために，次の例題ではこの3つの説明変数の候補から2つを選んで解説する。

例題 3.1

次のような時系列データが与えられているとき，新車登録台数で測定された軽トラックの需要は，価格調整後の可処分所得および企業の税引き後利益の関

数であると考えられるとする（これをモデル I と呼ぶ）。

	2016	2017	2018	2019	2020
軽トラックの登録台数　(Y)	4	3	5	7	6
価格調整後の可処分所得　(X_1)	3	4	5	6	7
企業の税引き後利益　(X_2)	3	2	2	4	4

（単位：Y…百万台, X_1 および X_2…十億ドル）

我々はこのデータに最もよく適合した，次のような回帰線を決定しようとしているのである。

$$\hat{Y} = b_0 + b_1 X_1 + b_2 X_2 \tag{3.2}$$

(a) $\hat{Y} = b_0 + b_1 X_1 + b_2 X_2$ の形の回帰式の係数を決定しなさい。

(b) 価格調整後の可処分所得が 60 億ドル $(X_1 = 6)$ で企業の税引き後利益が 50 億ドル $(X_2 = 5)$ のとき，軽トラックの新車登録台数の推定値を求めなさい。

解答

(a) ここでは表 3.1 の第 1 列から 11 列までしか使用しない。しかし，この表のデータは 3.4 節にわたりたびたび用いられるので，第 12 列から 16 列までは後にでてくる計算を容易にするためにこの表に含めた。ただし，もし我々が一貫してショートカット法を用いるのであれば，これらの数値は必要ではない。

まず第一に，我々は $\hat{Y} = b_0 + b_1 X_1 + b_2 X_2$ の中心化した形として $\hat{y} = b_1 x_1 + b_2 x_2$ を用いて b_1 と b_2 を決定する。

中心化したデータの場合の正規方程式は次の通り。

$$\begin{cases} b_1 \sum x_1^2 + b_2 \sum x_1 x_2 = \sum x_1 y & (3.9) \\ b_1 \sum x_1 x_2 + b_2 \sum x_2^2 = \sum x_2 y & (3.10) \end{cases}$$

表 3.1 のデータを上の式に代入すると

$$\begin{cases} 10 b_1 + 4 b_2 = 8 & \cdots\cdots\cdots\cdots\cdots\cdots ① \\ 4 b_1 + 4 b_2 = 5 & \cdots\cdots\cdots\cdots\cdots\cdots ② \end{cases}$$

表 3.1

(1)	(2)	(3)	(4) $y = Y - \bar{Y}$	(5) $x_1 = X_1 - \bar{X}_1$	(6) $x_2 = X_2 - \bar{X}_2$	(7)	(8)	(9)	(10)	(11)
Y	X_1	X_2				x_1y	x_2y	x_1^2	x_2^2	x_1x_2
4	3	3	-1	-2	0	2	0	4	0	0
3	4	2	-2	-1	-1	2	2	1	1	1
5	5	2	0	0	-1	0	0	0	1	0
7	6	4	2	1	1	2	2	1	1	1
6	7	4	1	2	1	2	1	4	1	2
25	25	15	0	0	0	8	5	10	4	4

(12) y^2	(13) $\hat{Y}$	(14) $Y - \hat{Y}$	(15) $(Y - \hat{Y})^2$	(16) $(\hat{Y} - \bar{Y})^2$
1	4	0	0	1
4	15/4	$-3/4$	9/16	25/16
0	17/4	3/4	9/16	6/16
4	25/4	3/4	9/16	25/16
1	27/4	$-3/4$	9/16	49/16
10		0	9/4	31/4

$\bar{Y} = 5,\ \bar{X}_1 = 5,\ \bar{X}_2 = 3$

ここでは未知数が 2 つで，等式も 2 つあるので，この連立方程式は解ける。
① −② から，

$$6b_1 = 3, \quad b_1 = \frac{1}{2} \quad\cdots\cdots\cdots\cdots\cdots\text{③}$$

① と ③ から，

$$10 \times \frac{1}{2} + 4b_2 = 8$$

$$5 + 4b_2 = 8$$

$$b_2 = \frac{3}{4} \quad\cdots\cdots\cdots\cdots\cdots\text{④}$$

③ と ④ から，

$$\hat{y} = \frac{1}{2}x_1 + \frac{3}{4}x_2 \quad\cdots\cdots\cdots\cdots\cdots\text{⑤}$$

が得られた。ちなみに表 3.1 からのデータを中心化せずに式 (3.3), (3.4), (3.5)
に代入すると，

$$\begin{cases} 5b_0 + 0b_1 + 0b_2 = 0 & \cdots\cdots\cdots\cdots\cdots ⑥ \\ 0b_0 + 10b_1 + 4b_2 = 8 & \cdots\cdots\cdots\cdots\cdots ⑦ \\ 0b_0 + 4b_1 + 4b_2 = 5 & \cdots\cdots\cdots\cdots\cdots ⑧ \end{cases}$$

⑥ から $b_0 = 0$ がわかるが，まさにこれが中心化の意味するところである。
⑦ と ⑧ から，

$$\begin{cases} 10b_1 + 4b_2 = 8 & \cdots\cdots\cdots\cdots\cdots ⑨ \\ 4b_1 + 4b_2 = 5 & \cdots\cdots\cdots\cdots\cdots ⑩ \end{cases}$$

この連立方程式は ①，② と同じである。これは中心化したデータを用いることにより，式を 1 つ減らすことができるということを示している。

⑤ は中心化した回帰式なので，元の式 (3.2) の形である $\hat{Y} = b_0 + b_1 X_1 + b_2 X_2$ に戻さなければならない。

式 (3.7) から

$$\begin{aligned} b_0 &= \bar{Y} - b_1 \bar{X}_1 - b_2 \bar{X}_2 \\ &= 5 - \frac{1}{2} \times 5 - \frac{3}{4} \times 3 = \frac{1}{4} \quad\cdots\cdots\cdots\cdots⑪ \end{aligned}$$

このように元のデータでの回帰方程式は

$$\hat{Y} = \frac{1}{4} + \frac{1}{2} X_1 + \frac{3}{4} X_2$$

となる。
(b) $X_1 = 6$, $X_2 = 5$ のとき，

$$\hat{Y} = \frac{1}{4} + \frac{1}{2} \times 6 + \frac{3}{4} \times 5 = 7$$

となる。つまり，価格調整後の可処分所得が 60 億ドル，企業の税引き後利益が 50 億ドルのとき，軽トラックの新車登録台数は 700 万台と予測できる。

3.2　重回帰モデル全体に関する推定

重回帰式を得た段階で，第 2 章で強調したことを思い出していただきたい。

すなわち，上記で得られた重回帰線は，サンプルの観測データから得られたサンプル回帰線であるということである。毎回サンプルをとるたびに我々は異なる回帰線を得る。すなわち異なる b_0, b_1, b_2 の数値を得る。

サンプル観察値からモデル

$$\hat{Y} = b_0 + b_1 X_1 + b_2 X_2$$

における回帰係数 b_0, b_1, b_2 を計算する。

これはユニバースの回帰線

$$Y = \beta_0 + \beta_1 X_1 + \beta_2 X_2 + \varepsilon \tag{3.13}$$

を推定するのに用いられたサンプル回帰線である。ここで ε は誤差を表す。

この章では 2 つの独立変数 (X_1, X_2) と 1 個の従属変数 (Y) の 3 変数からなる重回帰関係が存在すると仮定する。この仮定のもとに式 (3.13) のようなモデルを作るのである。

ここでユニバースにおける個々のデータポイントはこのモデルによってよく表されていると仮定して，このモデルを用いて Y 値を予測するために，このモデルがいかによくデータに適合しているかをテストしたり，仮定が正しいかをテストしたりする。

この章では，2 つの説明変数がある重回帰のみを扱うが，一般にはできるだけ少ない説明変数でできるだけ大きい決定係数 r^2 や F 値を示すような高い説明力のあるモデルを形成したいのである。一般には説明変数の数が増えると Y の変動をよりよく説明できる，つまり高い r^2 が得られると考えられるが，時折，説明変数を増やすと F 値が下がることがある。したがって，説明変数の数をできるだけ少なくすることによって，r^2 ではなく F 値を大きくすることを強調したい。モデルがどのくらいデータに適合しているかを測るもう 1 つの重要な尺度は標準誤差 (Se) で，できるだけこれを最小にしたいのである。このように重回帰モデルを作るときは r^2, F, Se を注意深く評価して，どのモデルが一番よく Y 値を予測することができるかを決定しなければならない。

▰ r^2 および ANOVA テーブル

元の $X_1 X_2 Y$ 空間では r^2 や ANOVA テーブルを計算するのに $\sum(\hat{Y}_i - \bar{Y})^2$ が必要であるが，これを計算するには $\hat{Y}_i$ が必要であり，$\hat{Y}_i$ を計算するのは簡単ではない。そのため，ここでは式 (3.14) のような中心化したデータを用いたショートカット計算法を用いる。

$$\sum(\hat{Y}_i - \bar{Y})^2 = b_1 \sum x_1 y + b_2 \sum x_2 y \tag{3.14}$$

数学的な背景を説明する。式 (3.7) から，

$$b_0 = \bar{Y} - b_1 \bar{X}_1 - b_2 \bar{X}_2 \cdots\cdots\cdots\cdots\cdots\cdots ①$$

式 (3.2) と ① から，

$$\hat{Y} = (\bar{Y} - b_1 \bar{X}_1 - b_2 \bar{X}_2) + b_1 X_1 + b_2 X_2 \cdots\cdots\cdots ②$$

したがって，

$$\hat{Y} - \bar{Y} = b_1(X_1 - \bar{X}_1) + b_2(X_2 - \bar{X}_2) = b_1 x_1 + b_2 x_2 \cdots\cdots③$$

より，

$$
\begin{aligned}
\sum(\hat{Y} - \bar{Y})^2 &= \sum(b_1 x_1 + b_2 x_2)^2 \\
&= \sum(b_1^2 x_1^2 + 2b_1 b_2 x_1 x_2 + b_2^2 x_2^2) \\
&= b_1 \left(b_1 \sum x_1^2 + b_2 \sum x_1 x_2\right) + b_2 \left(b_1 \sum x_1 x_2 + b_2 \sum x_2^2\right) \cdots④
\end{aligned}
$$

式 (3.9)，(3.10)，および ④ から，(3.14) が導かれる。

第 1 章と第 2 章で示されたように，Y の全ばらつきは回帰線で説明されるばらつきと説明されないばらつきに分けられる。

$$\sum(Y_i - \bar{Y})^2 = \sum(Y_i - \hat{Y}_i)^2 + \sum(\hat{Y}_i - \bar{Y})^2 \tag{3.15}$$

説明されたばらつきを全ばらつきで割ったものが決定係数 r^2 である。

$$r^2 = \frac{\sum (\hat{Y}_i - \bar{Y})^2}{\sum (Y_i - \bar{Y})^2} = \frac{b_1 \sum x_1 y + b_2 \sum x_2 y}{\sum y^2} \tag{3.16}$$

r^2 の平方根をとったものが相関係数 r である。重回帰での r^2 は単回帰の場合と同様に，Y に関する全てのばらつきのうち何パーセントのばらつきが回帰面で説明されたかを示し，0 から 1 までの値をとる。もしも説明変数の数が一定ならば，r^2 は高い値を示すほうがよいモデルとされる。重回帰の場合には，b_1 あるいは b_2 のような個々の説明変数の ＋ か － の符号にかかわらず，r は常に ＋ だと見なされる。なぜなら b_1 が ＋ で b_2 が － のとき，本当の符号がわからないからである。

ANOVA テーブルで必要な平方和は次の通り。

$$\mathrm{SS_T} = \sum (Y_i - \bar{Y})^2 = \sum y^2 \tag{3.17}$$

$$\mathrm{SS_{Reg}} = \sum (\hat{Y}_i - \bar{Y})^2 = b_1 \sum x_1 y + b_2 \sum x_2 y \tag{3.18}$$

$$\mathrm{SS_{Res}} = \sum (Y_i - \bar{Y})^2 - \sum (\hat{Y}_i - \bar{Y})^2 = \sum (Y_i - \hat{Y}_i)^2$$
$$= \sum y^2 - b_1 \sum x_1 y - b_2 \sum x_2 y \tag{3.19}$$

これらの公式を用いて表 3.2 の ANOVA テーブルが作成される。

表 3.2

分散の要因	平方和	自由度	分散	F 比率
回帰線	$\mathrm{SS_{Reg}}$ $= b_1 \sum x_1 y + b_2 \sum x_2 y$	$k = 2$	$\mathrm{MS_{Reg}} = \frac{\mathrm{SS_{Reg}}}{2}$	$F = \frac{\mathrm{MS_{Reg}}}{\mathrm{MS_{Res}}}$
残差	$\mathrm{SS_{Res}} = \sum y^2 -$ $b_1 \sum x_1 y - b_2 \sum x_2 y$	$n - k - 1$ $= n - 3$	$\mathrm{MS_{Res}} = \frac{\mathrm{SS_{Res}}}{n-3}$	
合計	$\mathrm{SS_T} = \sum (Y_i - \bar{Y})^2$ $= \sum y^2$	$n - 1$		

この場合，説明変数の数が 2 なので回帰線の分散を計算するときに用いられた自由度は 2 である。$\mathrm{MS_{Reg}}$ は $\mathrm{SS_{Reg}}$ $(= b_1 \sum x_1 y + b_2 \sum x_2 y)$ を k（推定するパラメータの数）で割ることによって得られる。$\mathrm{MS_{Res}}$ は $\mathrm{SS_{Res}}$

$(= \sum y^2 - b_1 \sum x_1 y - b_2 \sum x_2 y)$ をそれに対応する自由度 $(n - k - 1)$ で割ることによって得られる。$\mathrm{MS_{Reg}}$ を $\mathrm{MS_{Res}}$ で割って F 値が求められる。

▓ 仮説の検定

　モデル全体の有用性は，しばしば次のようなプロセスで検定される。

　第 1 に，帰無仮説と対立仮説を述べる。

　　　帰無仮説 $H_0 : \beta_1 = \beta_2 = 0$

　　　対立仮説 $H_1 : \beta_1$ と β_2 の少なくとも一方が 0 ではない

　帰無仮説は全ての説明変数の係数（= スロープ）は 0 であると述べている。つまり，説明変数は Y のばらつきを説明するのに貢献していないと述べている。ここで対立仮説は $\beta_1 \neq \beta_2 \neq 0$ と記述されていないことに注意しよう。なぜなら，$\beta_1 = 0$ かつ $\beta_2 \neq 0$ と $\beta_1 \neq 0$ かつ $\beta_2 = 0$ と $\beta_1 \neq 0$ かつ $\beta_2 \neq 0$ があり，この 3 つの可能性のうちどれか 1 つが成り立つだけで，帰無仮説の棄却につながる。上記の対立仮説はこの 3 つの可能性の全てを含む。

　第 2 に，ANOVA テーブルを作成し，F 値を計算する。

　第 3 に，計算された F 値と F の境界値を比較する。もしも計算された F 値が与えられた有意水準と自由度のもとでの F の境界値を超えたならば，帰無仮説は棄却される。これは F 値があまりにも大きいので，説明変数のいずれも Y のばらつきを十分に説明していないとは考えられないということを示している。

▓ 推定値の標準誤差と信頼区間

　推定値の標準誤差は単に残差の分散の平方根をとったものに過ぎないので，

$$\mathrm{Se} = \sqrt{\mathrm{MS_{Res}}} \tag{3.20a}$$

$$= \sqrt{\frac{\sum(Y_i - \hat{Y}_1)^2}{n - k - 1}} \tag{3.20b}$$

となる。ここで $\sum(Y_i - \hat{Y}_i)^2$ は計算に手間がかかるので次のショートカット法を用いる。

$$\text{Se} = \sqrt{\frac{\sum y^2 - b_1 \sum x_1 y - b_2 \sum x_2 y}{n - k - 1}} \qquad (3.20\text{c})$$

平方根の中の分母は標準誤差の自由度が $n - k - 1$ であることを示している。元々 n 個のデータがあったとして，中心化することによって自由度を 1 失い，回帰線の k 個のパラメータを推定するのに自由度 k を失うので残差には $n - k - 1$ の自由度が残ることになる。

　おおざっぱに言うならば，標準誤差は実際の Y の値を $\hat{Y}_i$ で推定するときに生じる平均的な誤差である。したがって，Se が小さいほうが回帰モデルがよいということになる。

　実際の Y の観測値 (Y_i) の約 95% の信頼区間は

$$\hat{Y} - t_c \cdot \text{Se} \leq Y_i \leq \hat{Y} + t_c \cdot \text{Se} \qquad (3.21)$$

ここで，$t_c = t_{c, \alpha/2 = 0.025, \phi = n-k-1}$ である。つまり，95% の信頼度で実際に観察する Y_i 値は式 (3.21) の範囲に入っているということである。

例題 3.2

　例題 3.1 のデータを用いて，

(a) 帰無仮説および対立仮説を述べなさい。

(b) ANOVA テーブルを作成しなさい。

(c) 決定係数および相関係数を計算しなさい。

(d) 標準誤差を計算しなさい。

(e) $X_1 = 6$，$X_2 = 5$ のときの Y_i の 95% 信頼区間を計算しなさい。

(f) $\alpha = 0.05$ のときの仮説を検定しなさい。

(g) この回帰モデルを評価しなさい。

解答

(a)　　　　帰無仮説 $H_0 : \beta_1 = \beta_2 = 0$

　　　　　対立仮説 $H_1 : \beta_1$ と β_2 の少なくとも一方が 0 ではない

(b) 式 (3.18) と表 3.1 から

$$\text{SS}_{\text{Reg}} = \sum(\hat{Y}_i - \bar{Y})^2 = b_1 \sum x_1 y + b_2 \sum x_2 y$$
$$= \frac{1}{2} \times 8 + \frac{3}{4} \times 5 = \frac{31}{4}$$

式 (3.19) と表 3.1 から

$$\text{SS}_{\text{Res}} = \sum(Y_i - \bar{Y})^2 - \sum(\hat{Y}_i - \bar{Y})^2$$
$$= \sum y^2 - b_1 \sum x_1 y - b_2 \sum x_2 y$$
$$= 10 - \frac{31}{4} = \frac{9}{4}$$

上記のように SS_{Reg} と SS_{Res} に中心化したデータを用いると表 3.1 における第 13 列から第 16 列までは使用せずに計算できることに気が付く。通常はこれらの列は計算が非常に煩雑になるため省略される。

しかしながら常に次の等式 (3.15) が成り立つことは確認しておきたい。

$$\sum(Y_i - \bar{Y})^2 = \sum(Y_i - \hat{Y}_i)^2 + \sum(\hat{Y}_i - \bar{Y})^2 \tag{3.15}$$

この例では，

$$10 = \frac{9}{4} + \frac{31}{4}$$

ANOVA テーブルにおいては平方和も自由度もすべて + の数字であって − の数字は 1 つもないので，いかなる数字も − になることはないということを頭に入れておくとよい。もっとも，SS_{Reg} や SS_{Res} はまれにだが 0 になることはある。

上記の情報から表 3.3 の ANOVA テーブルが作成された。

表 3.3

分散の要因	平方和	自由度	分散	F 比率
回帰線	31/4	2	$31/8 = 3.875$	$31/9 = 3.445$
残差	9/4	2	$9/8 = 1.125$	
合計	10	4		

(c) 決定係数は,

$$r^2 = \frac{\sum(\hat{Y}_i - \bar{Y})^2}{\sum(Y_i - \bar{Y})^2} = \frac{31/4}{10} = \frac{31}{40} = 0.775$$

相関係数は,

$$r = \sqrt{0.775} = 0.880$$

(d) 式 (3.20b) と表 3.1 から標準誤差は,

$$\text{Se} = \sqrt{\frac{\sum(Y_i - \hat{Y}_i)^2}{n - k - 1}} = \sqrt{\frac{9/4}{2}} = \sqrt{\frac{9}{8}} = 1.06$$

あるいは,同じことなのだが,式 (3.20c) および表 3.1 から,

$$\text{Se} = \sqrt{\frac{\sum y^2 - b_1 \sum x_1 y - b_2 \sum x_2 y}{n - k - 1}}$$

$$= \sqrt{\frac{10 - (1/2) \times 8 - (3/4) \times 5}{5 - 2 - 1}} = \sqrt{\frac{9}{8}} = 1.06$$

(e) 例題 3.1 から $X_1 = 6$, $X_2 = 5$ のとき $\hat{Y}$ は次のような値をとることがわかっている。

$$\hat{Y} = \frac{1}{4} + \frac{1}{2}X_1 + \frac{3}{4}X_2 = \frac{1}{4} + \frac{1}{2} \times 6 + \frac{3}{4} \times 5 = 7$$

信頼度が 95% で自由度が $\phi = n - k - 1 = 5 - 2 - 1 = 2$ のとき,t の境界値は

$$t_{c, \alpha/2 = 0.025, \phi = 2} = 4.303$$

よって,$X_1 = 6, X_2 = 5$ のときの Y_1 の 95% 信頼区間の上限および下限は

$$\hat{Y} + t_c \cdot \text{Se} = 7 + 4.303 \times 1.06 = 7 + 4.561 = 11.561$$

$$\hat{Y} - t_c \cdot \text{Se} = 7 - 4.303 \times 1.06 = 7 - 4.561 = 2.439$$

となる。したがって 95% の信頼区間は,

$$2.439 \leq Y_i \leq 11.561$$

(f) F の境界値は

$$F_{c,\alpha=0.05,\phi_1=2,\phi_2=2} = 19.0$$

計算された F 値は $F = 3.445$

$$F = 3.445 \leq F_c = 19.0$$

計算された F 値は F の境界値よりも小さいので帰無仮説は受容された。つまりこのモデルは Y の変動を十分説明していないということである。

(g) F 値は有意でない（十分大きくはない）ので帰無仮説は受容された。これはモデルがよくないということを意味している。この例ではデータポイントの数が推定するパラメータの数に比べてあまりにも少ないので，有意な F 値を得ることが困難であるということが影響している。

　これはまた，標準誤差 Se $= 1.06$ であるということと一貫している。Y 値が 3 から 7 までのばらつきしかないときに，平均的な誤差が 1.06 というのは少々大きすぎる。したがって，予測のためのモデルの有用性は疑わしい。

　読者は決定係数 (0.775) が比較的高いのはなぜだろうかと思うかもしれない。

　これは r^2 を考慮するときは自由度は全く考慮に入らないが，F 値を計算するときには自由度が考慮される。説明変数が多ければ，r^2 は当然高くなる傾向がある。この例ではデータの数に比べて推定するパラメータの数が多すぎるということを表している。

3.3　単相関と偏相関

重回帰分析では単相関と偏相関という 2 種類の相関がある。

▓ 単相関

　単相関は他の変数のことを一切考慮に入れない 2 変数間だけの相関である。ピアソンの積率相関係数とも呼ばれる。中心化したデータを用いた場合，X_1 と X_2 の相関係数 (r_{12}) は式 (3.22a) で表される。

$$r_{12} = \sqrt{\frac{(\sum x_1 x_2)^2}{(\sum x_1^2)(\sum x_2^2)}} \tag{3.22a}$$

元の変数を用いた場合では式 (3.22b) で表される。

$$r_{12} = \sqrt{\frac{\left[\sum(X_{1i} - \bar{X}_i)(X_{2i} - \bar{X}_2)\right]^2}{\sum(X_{1i} - \bar{X}_1)^2 \sum(X_{2i} - \bar{X}_2)^2}} \tag{3.22b}$$

同様に Y と X_1 との間の相関係数 (r_{Y1} で表す) は式 (3.23) で表される。

$$r_{Y1} = \sqrt{\frac{(\sum yx_1)^2}{(\sum y^2)(\sum x_1^2)}} \tag{3.23}$$

Y と X_2 との間の相関係数 (r_{Y2}) は式 (3.24) で表される。

$$r_{Y2} = \sqrt{\frac{(\sum yx_2)^2}{(\sum y^2)(\sum x_2^2)}} \tag{3.24}$$

　説明変数を選ぶときに多数の選択肢がある場合は，すべての可能な 2 変数間の相関を計算する。

　まずはじめに Y と全ての説明変数 $X_1, X_2, \ldots, X_k$ との間の相関，すなわち，$r_{Y1}, r_{Y2}, r_{Y3}, \ldots, r_{Yk}$ を計算する。もしも Y と X_3 が最も高い相関を示しているならば，X_3 を第 1 の説明変数として選び，この回帰モデルを分析する。もしも X_3 が Y のばらつきを説明するのに有効な説明変数であるならば，X_3 を回帰線のモデルに含める。そうでなければ，排除する。次に第 1 の回帰線の残差と最も高い相関係数を示す第 2 の説明変数を選ぶ。そしてまた，この第 2 の回帰モデルを分析する。同様なプロセスを Y の変動が十分説明できるまで続ける。

　しかしながら，X_1 と X_2 あるいは X_1 と X_3 というように説明変数どうしの相関にも注意を払わなければならない。新しく説明変数を加えるときに，すでに回帰線に含まれている説明変数と高い相関を示すものはモデルに入れてはいけない。たとえば，もしも X_1 と X_2 が高い相関を示し，X_1 がすでに説明変数に入っているならば，X_2 が Y と高い相関を示したとしてもモデルに入れることはできない。これは多重共線性と呼ばれる問題である。

■ 偏相関

偏相関は他の全ての変数が一定と見なしたときに，ある 2 つの変数の間にある

相関をいう。説明変数が 2 つのときの回帰分析で，Y と X_1 との偏相関 ($r_{Y1\cdot 2}$) は式 (3.25) で与えられている。

$$r_{Y1\cdot 2} = \frac{r_{Y_1} - r_{Y_2}\, r_{12}}{\sqrt{1 - r_{Y_2}^2}\sqrt{1 - r_{12}^2}} \tag{3.25}$$

ここで $r_{Y1\cdot 2}$ は X_2 を一定であると見なしたときの Y と X_1 の間の偏相関を表している。同様に X_1 が一定に保たれたときの Y と X_2 との間の偏相関 ($r_{Y2\cdot 1}$) は式 (3.26) で計算される。

$$r_{Y2\cdot 1} = \frac{r_{Y_2} - r_{Y_1}\, r_{12}}{\sqrt{1 - r_{Y_1}^2}\sqrt{1 - r_{12}^2}} \tag{3.26}$$

Y が一定に保たれたときの X_1 と X_2 との偏相関 ($r_{12\cdot Y}$) は式 (3.27) で計算される。

$$r_{12\cdot Y} = \frac{r_{12} - r_{1Y}\, r_{2Y}}{\sqrt{1 - r_{1Y}^2}\sqrt{1 - r_{2Y}^2}} \tag{3.27}$$

偏相関は回帰モデルの形成に非常に有益である。偏相関 $r_{Y1\cdot 2}$ の 2 乗 $r_{Y1\cdot 2}^2$ は，X_2 がすでに回帰モデルに含まれるときに，X_1 がどれだけ Y における説明されていない部分を説明できるかを示しているからである。

例題3.3

例題 3.1 のデータを用いて，

(a) 単相関 r_{12}, r_{Y1}, r_{Y2} を計算しなさい。
(b) 単相関を比較して，X_1 と X_2 のどちらの変数を先に回帰線の説明変数に含めるかを決定しなさい。
(c) 偏相関 $r_{Y1\cdot 2}$ および $r_{Y2\cdot 1}$ を計算しなさい。
(d) 上記 2 個の偏相関を比較し，説明変数として最初に X_1 を含め，さらに X_2 を加えたときと，最初に X_2 を含め，さらに X_1 を加えたときについて，どちらのモデルが変数の追加によって改良されるかを決定しなさい。
(e) モデルに含める最初の説明変数が X_1, X_2 のどちらであっても，もう一方の変数を第 2 の説明変数として加えることで良いモデルになるか，述べなさい。

解答

(a) 式 (3.22a) および表 3.1 を用いて単相関 r_{12} を計算する。

$$r_{12} = \sqrt{\frac{(\sum x_1 x_2)^2}{(\sum x_1^2)(\sum x_2^2)}} = \sqrt{\frac{4^2}{10 \times 4}} = \sqrt{0.4} = 0.632$$

同様に式 (3.23) および表 3.1 を用いて r_{Y1} を計算する。

$$r_{Y1} = \sqrt{\frac{(\sum y x_1)^2}{(\sum y^2)(\sum x_1^2)}} = \sqrt{\frac{8^2}{10 \times 10}} = \sqrt{0.64} = 0.8$$

式 (3.24) および表 3.1 を用いて r_{Y2} を計算する。

$$r_{Y2} = \sqrt{\frac{(\sum y x_2)^2}{(\sum y^2)(\sum x_2^2)}} = \sqrt{\frac{5^2}{10 \times 4}} = \sqrt{0.625} = 0.791$$

(b) r_{Y1} と r_{Y2} を比較すると，X_1 のほうが X_2 よりも Y とわずかながら高い相関を示しているので X_1 が最初にモデルに入れられる。

(c) 式 (3.25) および上記の結果から，

$$r_{Y1\cdot2} = \frac{r_{Y1} - r_{Y2} \times r_{12}}{\sqrt{1 - r_{Y2}^2}\sqrt{1 - r_{12}^2}} = \frac{0.8 - 0.791 \times 0.632}{\sqrt{1 - (0.632)^2}\sqrt{1 - (0.79)^2}}$$

$$= \frac{(0.8) - 0.5}{\sqrt{1 - 0.399}\sqrt{1 - 0.625}} = \frac{0.3}{\sqrt{0.601}\sqrt{0.375}} = 0.63$$

同様に式 (3.26) から，

$$r_{Y2\cdot1} = \frac{r_{Y2} - r_{Y1} \times r_{12}}{\sqrt{1 - r_{Y1}^2}\sqrt{1 - r_{12}^2}} = \frac{0.791 - 0.8 \times 0.632}{\sqrt{1 - 0.64}\sqrt{1 - 0.4}}$$

$$= \frac{0.2854}{\sqrt{0.216}} = \frac{0.2854}{0.4647} = 0.614$$

(d) $r_{Y1\cdot2}$ と $r_{Y2\cdot1}$ を比較してみると，$r_{Y1\cdot2}$ が $r_{Y2\cdot1}$ よりわずかに大きい。これは X_2 がすでにモデルに入っているときに X_1 をモデルに入れるときのほうが，X_1 がすでにモデルに入っているときに X_2 を入れるよりもモデルは改良されている。

(e) $r_{Y1\cdot2}$ と $r_{Y2\cdot1}$ の両方とも比較的高い相関を示しているので，どちらの変数が先にモデルに入れられようとも，もう 1 つの変数は説明力があり，有力な候補となる。

3.4　個々の回帰係数に関する推定

　3.2 節では Y のばらつきを説明する回帰式全体の検定を行った。この節では，個々のパラメータが Y のばらつきを説明するのにどのくらい貢献しているかの検定を行う。説明変数が 2 つある重回帰分析では，サンプルのデータポイントから式 (3.2) における回帰係数 b_0, b_1, b_2 を得る。

$$\hat{Y} = b_0 + b_1 X_1 + b_2 X_2 \tag{3.2}$$

　ここで b_0, b_1, b_2 は次の回帰線のユニバースのパラメータ β_0, β_1, β_2 の推定値である。

$$Y = \beta_0 + \beta_1 X_1 + \beta_2 X_2 + \varepsilon \tag{3.28}$$

b_0, b_1, b_2 は，ユニバースの平均値 μ を推定するためのサンプル平均 $\bar{X}$ と同じように真の値と推定値の関係をもつ。したがって，サンプルからの情報 b_0, b_1, b_2 を用いて真の，しかし未知の，ユニバースのパラメータを推定する。そして b_1 と b_2 を用いて，ユニバースのパラメータ β_1 と β_2 が仮説された β_1* と β_2* から著しく異なるか否かをテストしようとしている。

▓ b_1 の検定
　b_1 の小さなサンプルの分布は平均値が β_1 で標準誤差が $S(b_1)$ の t 分布をしている。$S(b_1)$ は式 (3.29a) で与えられる。

$$S(b_1) = \mathrm{Se}\sqrt{\frac{\sum x_2^2}{(\sum x_1^2)(\sum x_2^2) - (\sum x_1 x_2)^2}} \tag{3.29a}$$

$$= \frac{\mathrm{Se}}{\sqrt{\sum x_1^2(1 - r_{12}^2)}} \tag{3.29b}$$

ここで

$$\mathrm{Se} = \sqrt{\frac{\sum (Y_i - \hat{Y}_i)^2}{n - k - 1}}$$

$$= \sqrt{\frac{\sum y^2 - b_1 \sum x_1 y - b_2 \sum x_2 y}{n - k - 1}} \tag{3.20c}$$

1. 仮説は次のように述べられる。

$$\text{帰無仮説 } H_0 : \beta_1 = \beta_1*$$
$$\text{対立仮説 } H_1 : \beta_1 \neq \beta_1*$$

2. 次の式 (3.30) を用いてサンプルデータから得られた b_1 の t 値を計算する。

$$t = \frac{b_1 - \beta_1*}{S(b_1)} \tag{3.30}$$

3. 計算された t 値を自由度 $n - k - 1$ の t の境界値 $t_{c,\alpha/2,\phi=n-k-1}$ と比較し，仮説を検定する。

■ b_2 の検定

同様に，b_2 の小さなサンプルの分布は β_2 を平均値とし，式 (3.31) で示された標準誤差 $S(b_2)$ の t 分布をしている。

$$S(b_2) = \sqrt{\frac{\sum x_1^2}{(\sum x_1^2)(\sum x_2^2) - (\sum x_1 x_2)^2}} \tag{3.31a}$$

$$= \frac{\mathrm{Se}}{\sqrt{\sum x_2^2 (1 - r_{12}^2)}} \tag{3.31b}$$

1. 仮説は次のように述べられる。

$$\text{帰無仮説 } H_0 : \beta_2 = \beta_2*$$
$$\text{対立仮説 } H_1 : \beta_2 \neq \beta_2*$$

2. 式 (3.32) を用いてサンプルデータから得られた b_2 の t 値を計算する。

$$t = \frac{b_2 - \beta_2*}{S(b_2)} \tag{3.32}$$

3. 計算された t 値を自由度 $n-k-1$ の t の境界値 $t_{c,\alpha/2,\phi=n-k-1}$ と比較し，仮説を検定する。

　一般に説明変数に多数の候補の可能性があるならば，重回帰分析において t 検定は有意な説明変数を選ぶのに非常に有益である。($H_0 : \beta_i = 0$ のように）検定しようとするパラメータを 0 とおき i 番目のパラメータ β_i が 0 と著しく異なるかを見るために個々の説明変数の有意性をテストする。

　もしも i 番目のパラメータが 0 と著しく異なるならば，それは Y の変動を説明するのに著しく貢献しているから，帰無仮説は棄却され i 番目の説明変数はモデルに含まれることになる。逆に j 番目のパラメータ β_j が 0 から大きく離れていないならば，Y の変動を説明するのに十分貢献していないので，帰無仮説を受容し，j 番目の説明変数を外すことになる。ただし，検定の多重性の問題により，モデルが誤特定される可能性もあるため，厳密な推定・検定を行う必要がある場合はより保守的な有意水準を設定する，または，検定するときにはモデルをつくるときと異なるサンプルを用いる，など工夫してほしい。

例題 3.4

　例題 3.1 のデータを用いて，

(a) β_1 に関する仮説を述べなさい。

(b) b_1 の標準誤差を計算しなさい。

(c) $\alpha = 0.05$ で (a) の仮説を検定しなさい。

(d) β_2 に関する仮説を述べなさい。

(e) b_2 の標準誤差を計算しなさい。

(f) $\alpha = 0.05$ で (d) の仮説を検定しなさい。

(g) モデルを評価しなさい。

解答

(a) β_1 の仮説は次のように述べられる。

$$帰無仮説\ H_0 : \beta_1 = 0$$
$$対立仮説\ H_1 : \beta_1 \neq 0$$

(b) b_1 の標準誤差は式 (3.29a) および表 3.1 を用いて計算される。

$$S(b_1) = \text{Se}\sqrt{\frac{\sum x_2^2}{(\sum x_1^2)(\sum x_2^2) - (\sum x_1 x_2)^2}} \qquad (3.29\text{a})$$

Se は例題 3.2 ですでに計算してあるので，それを用いる。

$$\text{Se} = \sqrt{\frac{\sum(Y_i - \hat{Y}_1)^2}{n - k - 1}} = \sqrt{\frac{9}{8}} = \sqrt{1.125}$$

したがって

$$S(b_1) = \sqrt{\frac{9}{8}}\sqrt{\frac{4}{(10)(4) - (4)^2}} = \sqrt{0.1875} = 0.433$$

(c) 式 (3.30) を用いて b_1 の t 値を計算する。例題 3.1 から $b_1 = 0.5$ がわかっているので，

$$t_1 = \frac{b_1 - \beta_1^*}{S(b_1)} = \frac{0.5 - 0}{0.433} = 1.155$$

$\alpha/2 = 0.025$ で $\phi = n - k - 1 = 5 - 2 - 1 = 2$ のときの t の境界値は 4.303 である。すなわち，$t_{c,\alpha/2=0.025,\phi=2} = 4.303$，$t_1 = 1.155 < t_c = 4.303$ なので，$H_0 : \beta_1 = 0$ を受容する。

(d) β_2 に関する仮説は次のように述べられる。

$$H_0 : \beta_2 = 0$$
$$H_1 : \beta_2 \neq 0$$

(e) 式 (3.31a) および表 3.1 を用いて b_2 の標準誤差 $S(b_2)$ を計算する。

$$S(b_2) = \text{Se}\sqrt{\frac{\sum x_1^2}{(\sum x_1^2)(\sum x_2^2) - (\sum x_1 x_2)^2}} \qquad (3.31\text{a})$$
$$= \sqrt{\frac{9}{8}}\sqrt{\frac{10}{10 \times 4 - \times 4^2}} = 0.6847$$

(f) 式 (3.32) を用いて b_2 の t 値を計算する。例題 3.1 から $b_2 = 0.75$ がわかっているので，

$$t_2 = \frac{b_2 - \beta_2^*}{S(b_2)} = \frac{0.75 - 0}{0.6847} = 1.095$$

t の境界値は，$t_{c,\alpha/2=0.025,\phi=2} = 4.303$，$t_2 = 1.095 < t_c = 4.303$ なので，帰無仮説 $H_0 : \beta_2 = 0$ は受容される。

(g) β_1 と β_2 の両方とも仮説は受容されたので，説明変数 X_1 と X_2 は Y の説明にあまり貢献していないことになる。これは 3.2 節において重回帰線の全モデルに関する F 検定の結果と一貫している。前に述べたようにデータポイントの数が少ない場合，多くのパラメータは有意でないということになりがちである。

3.5　第 2 の説明変数の選択

次の 2 つの例題（例題 3.5 と例題 3.6）は 2 つの目的を果たすためにある。第 1 はモデルを評価するために例題 3.1 から例題 3.4 までで学んだことをまとめることである。第 2 は 2 つのモデル構築の過程を比較することによって一般的なモデル構築の過程を示すことである。

例題 3.5

下記の時系列のデータが与えられているとき，登録台数で測られた軽トラックに対する需要 (Y) は価格調整後の可処分所得 (X_1) と農業従事者所得 (X_2) の関数であると仮定する。

		2016	2017	2018	2019	2020
軽トラック登録台数	(Y)	4	3	5	7	6
価格調整後の可処分所得	(X_1)	3	4	5	6	7
農業従事者所得	(X_2)	7	4	8	9	7

（単位：Y…百万台，X_1…十億ドル，X_2…億ドル）

(a) 回帰線 $\hat{Y} = b_0 + b_1 X_1 + b_2 X_2$ の説明変数の係数を求めなさい。

(b) 価格調整後の可処分所得が 40 億ドル $(X_1 = 4)$ で農業従事者所得が 7 億ドル $(X_2 = 7)$ のときの軽トラック登録台数を予測しなさい。

(c) 全体のモデルに関する仮説を述べなさい。

(d) ANOVA テーブルを作成しなさい。

(e) 標準誤差を計算しなさい。

(f) 決定係数および相関係数を求めなさい。

(g) $\alpha = 0.05$ で仮説を検定しなさい。

(h) $X_1 = 4$, $X_2 = 7$ のとき Y_i の 95% 信頼区間を計算しなさい。

(i) 例題 3.1 と比べてどちらのモデルがよりよいか決定しなさい。

解答

　このデータに適合した次のような重回帰線を求めて，モデルをテストしようというわけである。

$$\hat{Y} = b_0 + b_1 X_1 + b_2 X_2$$

ここで例題 3.1 との唯一の違いは，第 2 の説明変数である。すなわち，企業の税引き後利益が農業従事者所得で置き換えられただけである。これをモデル II と呼ぼう。

(a) まずはじめに表 3.4 のような表を作成する。式 (3.9) および (3.10) を用いて，$\hat{y} = b_1 x_1 + b_2 x_2$ における b_1 と b_2 を決定する。

$$\begin{cases} b_1 \sum x_1^2 + b_2 \sum x_1 x_2 = \sum x_1 y & (3.9) \\ b_1 \sum x_1 x_2 + b_2 \sum x_2^2 = \sum x_2 y & (3.10) \end{cases}$$

表 3.4

(1)	(2)	(3)	(4) $y = Y - \bar{Y}$	(5) $x_1 = X_1 - \bar{X}_1$	(6) $x_2 = X_2 - \bar{X}_2$	(7)	(8)	(9)	(10)	(11)	(12)
Y	X_1	X_2				$x_1 y$	$x_2 y$	x_1^2	x_2^2	$x_1 x_2$	y^2
4	3	7	-1	-2	0	2	0	4	0	0	1
3	4	4	-2	-1	-3	2	6	1	9	3	4
5	5	8	0	0	1	0	0	0	1	0	0
7	6	9	2	1	2	2	2	1	4	2	4
6	7	7	1	2	0	2	2	4	0	0	1
25	25	35	0	0	0	8	10	10	14	5	10

$\bar{Y} = 5$, $\bar{X}_1 = 5$, $\bar{X}_2 = 7$

表 3.4 から該当する数字を式 (3.9) および (3.10) に代入すると ① および ② を得る。

$$\begin{cases} 10b_1 + 5b_2 = 8 & \cdots\cdots\cdots\cdots\cdots\cdots ① \\ 5b_1 + 14b_2 = 10 & \cdots\cdots\cdots\cdots\cdots\cdots ② \end{cases}$$

② ×2 から，$\qquad 10b_1 + 28b_2 = 20 \qquad \cdots\cdots\cdots\cdots\cdots\cdots ③$

③ −① から，$\qquad 23b_2 = 12, \quad b_2 = \dfrac{12}{23} = 0.522 \cdots\cdots\cdots\cdots\cdots ④$

④ を ① に代入して $\qquad 10b_1 + 5(0.522) = 8$

$$10b_1 + 2.61 = 8$$

$$10b_1 = 5.39$$

$$b_1 = 0.539 \qquad \cdots\cdots\cdots\cdots\cdots ⑤$$

④ と ⑤ から，$\qquad \hat{y} = 0.539x_1 + 0.522x_2 \cdots\cdots\cdots\cdots\cdots\cdots ⑥$

式 (3.7) から，$\qquad b_0 = \bar{Y} - b_1\bar{X}_1 - b_2\bar{X}_2$

④ と ⑤ から，また $\bar{Y} = 5, \bar{X}_1 = 5, \bar{X}_2 = 7$ だから

$$b_0 = 5 - 0.539 \times 5 - 0.522 \times 7 = -1.349$$

したがって，式 (3.2) に対応する元のデータの回帰式は

$$\hat{Y} = -1.349 + 0.539X_1 + 0.522X_2 \cdots\cdots\cdots\cdots\cdots ⑦$$

となる。

(b) ⑦ より，$X_1 = 4, X_2 = 7$ のときの予測値は次のように求められる。

$$\hat{Y} = -1.349 + 0.539 \times 4 + 0.522 \times 7 = 4.461 \quad \cdots\cdots\cdots ⑧$$

(c) $\qquad$ 帰無仮説 $H_0 : \beta_1 = \beta_2 = 0$

$\qquad$ 対立仮説 $H_1 : \beta_1$ と β_2 の少なくとも一方が 0 ではない

(d) 式 (3.18) と表 3.4 から

$$SS_{Reg} = \sum (\hat{Y}_i - \bar{Y})^2 = b_1 \sum x_1 y + b_2 \sum x_2 y$$
$$= 0.539 \times 8 + 0.522 \times 10 = 9.532 \quad \cdots\cdots\cdots\cdots ⑨$$

式 (3.19) と表 3.4 から

$$SS_{Res} = \sum (Y_i - \hat{Y}_i)^2 = \sum (Y_i - \bar{Y})^2 - \sum (\hat{Y}_i - \bar{Y})^2$$
$$= \sum y^2 - SS_{Reg} = 10 - 9.532 = 0.468 \quad \cdots\cdots\cdots ⑩$$

⑨ と ⑩ から，表 3.5 の ANOVA テーブルが作成される。

表 3.5

分散の要因	平方和	自由度	分散	F 比率
回帰線	$\sum (\hat{Y}_i - \bar{Y})^2 = 9.352$	$k = 2$	4.766	20.368
残差	$\sum (Y_i - \hat{Y}_i)^2 = 0.468$	$n - k - 1 = 2$	0.234	
合計	$\sum (Y_i - \bar{Y})^2 = 10$	$n - 1 = 4$		

(e) 標準誤差 Se は ANOVA テーブルを用いて次のように求められる。

$$Se = \sqrt{\frac{\sum (Y_i - \hat{Y}_i)^2}{n - k - 1}} = \sqrt{MS_{Res}} = \sqrt{0.234} = 0.484$$

(f) 決定係数 r^2 および相関係数 r は次のように求められる。

$$r^2 = \frac{\sum (\hat{Y}_i - \bar{Y})^2}{\sum (Y_i - \bar{Y})^2} = \frac{9.532}{10} = 0.9532$$
$$r = +\sqrt{0.9532} = +0.976$$

Se も r^2 も ANOVA テーブルから簡単に得られることに注意したい。

(g) $\alpha = 0.05$ のとき，F の境界値は

$$F_{c, \alpha = 0.05, \phi_1 = 2, \phi_2 = 2} = 19.0$$

F の計算値は 20.386 で F の境界値よりも大きい。

$$F = 20.368 > F_c = 19.0$$

このため帰無仮説は棄却される。すなわちモデルは Y の変動を説明するのに明らかに貢献しているので帰無仮説（H_0： $\beta_1 = \beta_2 = 0$）を受容することはできない。

(h) 先の問 (b) から， $X_1 = 4$, $X_2 = 7$ のとき，

$$\hat{Y} = -1.349 + 0.539 \times 4 + 0.522 \times 7 = 4.461$$

t の境界値は $t_{c,\alpha/2=0.025,\phi=2} = 4.303$ で標準誤差は (e) の解答で $\mathrm{Se} = 0.484$ であるから，95％信頼区間の上限および下限は，

$$Y + t_c \cdot \mathrm{Se} = 4.461 + 4.303 \times 0.484 = 6.544$$

$$Y - t_c \cdot \mathrm{Se} = 4.461 - 4.303 \times 0.484 = 2.378$$

したがって，$X_1 = 4$ で $X_2 = 7$ のとき，95％の信頼区間は $2.378 < \hat{Y} < 6.544$ である。

(i) 右の対比表からもわかるように，F 値に関しても，r^2 に関しても，モデル II のほうが例題 3.1 のモデル I よりも高い値を示しており，標準誤差はモデル II のほうが小さい。すべての点で一貫してモデル II の方がよいことを示している。

	モデル I	モデル II
F 値	3.445	20.368
r^2	0.775	0.9532
Se	1.06	0.484

例題3.6

例題 3.5（モデル II）を用いて，以下の問に答えなさい。また (c)〜(e) には説明変数 X_1, X_2 のそれぞれについて答えなさい。

(a) 単相関 r_{12}, r_{Y1}, r_{Y2} を計算しなさい。
(b) 偏相関 $r_{Y1 \cdot 2}$, $r_{Y2 \cdot 1}$, $r_{12 \cdot Y}$ を計算しなさい。
(c) 仮説を述べなさい。

(d) 標準誤差を計算しなさい。

(e) $\alpha = 0.05$ で仮説を検定しなさい。

(f) すでに最初の説明変数（価格調整後の可処分所得）がモデルに入っているとき，次に説明変数として企業の税引き後利益を入れるモデル I と，農業従事者所得を入れるモデル II ではどちらがよいか比較しなさい。

解答

(a) 表 3.4 と式 (3.22a)，(3.23)，(3.24) を用いて，r_{12}, r_{Y1}, r_{Y2} を求める。
X_1 と X_2 の相関係数は

$$r_{12} = \sqrt{\frac{(\sum x_1 x_2)^2}{(\sum x_1^2)(\sum x_2^2)}} \tag{3.22a}$$
$$= \sqrt{\frac{5^2}{10 \times 14}} = \sqrt{\frac{25}{140}} = 0.423$$

Y と X_1 の相関係数は

$$r_{Y1} = \sqrt{\frac{(\sum y x_1)^2}{(\sum y^2)(\sum x_1^2)}} \tag{3.23}$$
$$= \sqrt{\frac{8^2}{10 \times 10}} = 0.8$$

Y と X_2 の相関係数は

$$r_{Y2} = \sqrt{\frac{(\sum y x_2)^2}{(\sum y^2)(\sum x_2^2)}} \tag{3.24}$$
$$= \sqrt{\frac{10^2}{10 \times 14}} = \sqrt{\frac{10}{14}} = 0.845$$

(b) 表 3.4 と式 (3.25)，(3.26)，(3.27) から，$r_{Y1\cdot2}, r_{Y2\cdot1}, r_{12\cdot Y}$ が得られる。
X_2 を一定に保ったときの Y と X_1 の偏相関は

$$r_{Y1\cdot2} = \frac{r_{\hat{Y}1} - (r_{Y2})(r_{12})}{\sqrt{1 - r_{Y2}^2}\sqrt{1 - r_{12}^2}} \tag{3.25}$$

$$= \frac{0.8 - 0.845 \times 0.423}{\sqrt{1 - 0.714}\sqrt{1 - 0.179}} = 0.913$$

X_1 を一定に保ったときの Y と X_2 の偏相関は

$$r_{Y2\cdot1} = \frac{r_{\hat{Y}2} - (r_{Y1})(r_{12})}{\sqrt{1 - r_{Y1}^2}\sqrt{1 - r_{12}^2}} \tag{3.26}$$

$$= \frac{0.845 - 0.8 \times 0.423}{\sqrt{1 - 0.64}\sqrt{1 - 0.179}} = 0.932$$

$\boxed{\beta_1 \text{ に関する仮説の検定}}$

(c) β_1 に関する仮説は次のように述べられる。

$$\text{帰無仮説 } H_0 : \beta_1 = 0$$
$$\text{対立仮説 } H_1 : \beta_1 \neq 0$$

(d) b_1 の標準誤差は式 (3.29a) と表 3.4 を用いて，次のように計算される。

$$S(b_1) = \text{Se}\sqrt{\frac{\sum x_2^2}{(\sum x_1^2)(\sum x_2^2) - (\sum x_1 x_2)^2}} \tag{3.29a}$$

$$= 0.484\sqrt{\frac{14}{10 \times 14 - 5^2}} = 0.169$$

(e) 計算された b_1 の t 値は

$$t = \frac{b_1 - \beta_1*}{S(b_1)} = \frac{0.539 - 0}{0.169} = 3.189$$

この t 値が t の境界値 $t_{c,\alpha/2=0.025,\phi=2} = 4.303$ と比較される。

$t = 3.189 < t_c = 4.303$ であるから $H_0 : \beta_1 = 0$ は受容される。

$\boxed{\beta_2 \text{ に関する仮説の検定}}$

(c) β_2 に関する仮説は次のように述べられる。

$$\text{帰無仮説 } H_0 : \beta_2 = 0$$
$$\text{対立仮説 } H_1 : \beta_2 \neq 0$$

(d) b_2 の標準誤差は式 (3.31a) および表 3.4 を用いて計算される。

$$S(b_2) = \text{Se} \sqrt{\frac{\sum x_1^2}{(\sum x_1^2)(\sum x_2^2) - (\sum x_1 x_2)^2}} \qquad (3.31a)$$

$$= 0.484 \sqrt{\frac{10}{10 \times 14 - 5^2}} = 0.143$$

(e) 計算された b_2 の t 値は

$$t = \frac{b_2 - \beta_2 *}{S(b_2)} = \frac{0.522 - 0}{0.143} = 3.65$$

t の境界値は β_1 のときと同様に $t = 4.303$ であるため，$t = 3.65 < t_c = 4.303$ より，$H_0 : \beta_2 = 0$ は受容される。

つまり，β_1 および β_2 は Y のばらつきを説明するのに十分に貢献していないということである。

(f) モデル II では第2の説明変数（$X_2 =$ 農業従事者所得）は，単相関 $r_{Y2} = 0.845$ ならびに偏相関 $r_{Y2 \cdot 1} = 0.932$ ともに Y と高い相関を示している。モデル I では第2の説明変数（$X_2 =$ 税引き後の企業利益）は Y との単相関 $r_{Y2} = 0.791$ でも偏相関 $r_{Y2 \cdot 1} = 0.641$ でもモデル II ほど高くはない。したがって，農業従事者所得のほうが第2の説明変数としてよい選択であり，モデル II のほうがモデル I よりもよいモデルである。

さらに，モデル I で税引き後の企業利益を第2の説明変数としたときの b_2 の t 値は $t = 1.095$ であった。モデル II で農業従事所得を第2の説明変数としたときの b_2 の t 値は $t = 3.65$ だから，モデル II のほうがモデル I よりも第2変数の t 値は高い。b_1 に関しての t 値も，モデル I（$t_1 = 1.155$）よりもモデル II（$t_1 = 3.189$）のほうが高い。これは農業従事者所得はサンプルサイズが小さいので統計的には有意ではないが，全ての統計量において農業従事者所得のほうが第2の説明変数として適切であることを示している。さらにモデル全体の評価においても個々の説明変数の評価においても，モデル II のほうがモデル I よりも優れたモデルであることを示している。

3.6　段階的な回帰モデル形成プロセス

　一般に，重回帰分析で多数の説明変数の候補がある場合，どういう順序で説明変数を入れるかが問題となる。単相間の節（3.3 節）でかなり込み入った計算を必要とする方法を示したが，この節では，段階的な回帰モデル形成のプロセスについて学ぶ。それは必ずしもこれがベストな方法だからではなく，簡単な方法だからである。

　段階的回帰モデル形成は直感的であり，それでいて機械的に，視覚的にどの変数からどういう順序で入れていくべきかを決める方法である。

1. Y と一番高い相関を示す説明変数 X_1 を選ぶ。グラフ上で視覚的にいうならば，Y と X_1 が同じような動きをしていれば高い相関があるということを意味している。
2. X_1 を Y の説明変数とした回帰線の残差を，新しい Y（Y' で表す）として考える。そして第 2 の説明変数は残りのすべての説明変数の候補の中でこの残差 (Y') との相関が最大のものを説明変数 X_2 として選ぶ。
3. このようにして選ばれた X_2 を Y' の説明変数とした回帰分析を行う。この回帰分析の結果として得られた新しい残差 Y'' を新しい被説明変数（従属変数）とし，残りの説明変数の候補の中から Y'' との相関が最大なものを選ぶ。

　このプロセスを繰り返し，追加する説明変数が標準誤差を減らしたり，F 値を改善するのにほとんど役に立たなくなるまで続ける。

　最後に，これらの選ばれた説明変数を全部同時に重回帰モデルに入れて回帰分析をしてみる必要がある。というのは段階的な回帰モデル形成のプロセスで得られた回帰係数（b_0, b_1, b_2 等）は 1 つの重回帰線における係数とは異なる場合があるからである。

　段階的回帰モデル形成のプロセスはグラフ上で説明することができる。この方法の利点は，どの候補が最良な説明変数になりそうか，計算せずに決めることができる点である。

　図 3.2 はモデル I と II を示している。上段の (a) と (d) は第 1 の説明変数 X_1

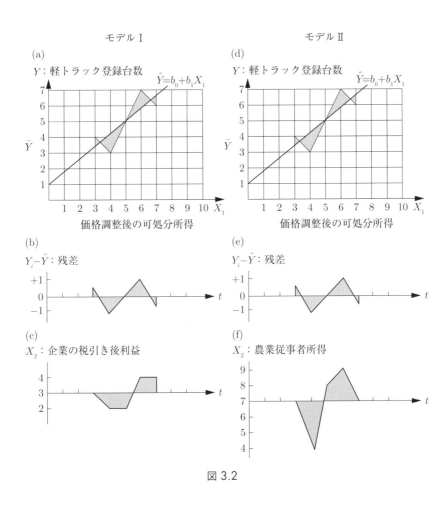

図 3.2

で Y の変動を説明している状況を示している。中段の (b) と (e) は上段の回帰線の残差を示している。モデル I とモデル II の上段と中段は全く同じである。

　もしも第 2 の説明変数の候補が第 1 説明変数で回帰線を求めたときの残差と同じような動きを示しているならば，その候補はモデルを改善するのに明らかに貢献するであろうと考えられる。分析者はそのような説明変数を選ぶべきである。

　例として，軽トラックの登録台数ははじめの段階では価格調整後の可処分所

得で説明された。なぜなら軽トラックの主な用途は個人の交通手段だからである。そして，この回帰線の残差がほかの説明変数でよく説明されるならば，その変数を第 2 の説明変数として選ぶべきである。図 3.2 の下段で税引き後の企業利益（図 c）と農業従事者の所得（図 f）を中段における残差（図 b）の動きと比べてみたとき，税引き後の企業の利益（図 c）と残差の動きはかなり異なることが読み取れる。これがモデル I の場合である。これに反して農業従事者所得（図 f）の動きは残差（図 e）と非常に似た動きをしていることがわかる。これがモデル II の場合である。

　このように，簡単なグラフからどの変数を次の説明変数として選ぶかを極めて簡単に決めることができる。そして，それは前に計算された，高い r^2 値や F 値と低い Se 値で立証されている。

練 習 問 題

1. 売上は時間（トレンド）と季節性（サイクル要因）の次のような関数であると仮定する。

$$Y = b_o + b_1 X_1 + b_2 X_2$$

次のようなデータが与えられているとき，

売上	(Y)	3	1	4	2	5
トレンド	(X_1)	4	5	6	7	8
季節性	(X_2)	2	0	1	0	2

（単位：百万ドル）

(a) モデル全体の帰無仮説および対立仮説を述べなさい。

(b) 上記の形をした重回帰線の式を求めなさい。

(c) r^2 の値を求め，それが何を意味しているのか述べなさい。

(d) ANOVA テーブルを作成しなさい。

(e) 有意水準 $\alpha = 0.05$ のとき F の境界値を求めなさい。

(f) 結論を述べなさい。

2. 登録台数で測られた軽トラックの需要は，インフレ調整済みの可処分所得と企業の税引き後の利益の関数であると仮定する。次のような時系列のデータが与えられているとき，

軽トラックの登録台数	(Y)	4	2	5	3	6
インフレ調整済み所得	(X_1)	4	5	6	7	8
納税後の企業利益	(X_2)	6	2	4	2	6

(単位：Y…百万台，X_1 および X_2…十億ドル)

(a) 回帰直線の式を求めなさい。

(b) $X_1 = 7$，$X_2 = 3$ のときの軽トラックの予測される登録台数を求めなさい。

(c) 帰無仮説および対立仮説を述べなさい。

(d) ANOVA テーブルを作成しなさい。

(e) 標準誤差を計算しなさい。

(f) 決定係数を求めなさい。

(g) 有意水準 $\alpha = 0.05$ で仮説を検定しなさい。

(h) このモデルはよいモデルか否かを評価し，その理由を述べなさい。

3. バターの需要はその価格と，代替商品であるマーガリンの価格で決まると仮定する。

バターの需要	(Y)	6	5	8	7	9
バターの価格	(X_1)	10	9	8	7	6
マーガリンの価格	(X_2)	3	1	2	3	6

(単位：Y…千ポンド，X_1 および X_2…千ドル)

(a) 回帰直線の式を求めなさい。

(b) $X_1 = 8$，$X_2 = 3$ のときのバターの需要を求めなさい。

(c) 帰無仮説および対立仮説を述べなさい。

(d) ANOVA テーブルを作成しなさい。

(e) 標準誤差を計算しなさい。

(f) 決定係数を求めなさい。

(g) 有意水準 $\alpha = 0.05$ のとき，仮説を検定しなさい。

(h) マーガリンの価格が一定であると仮定して，バターの価格が 1 ポンド当たり 1 ドル下がったとき，バターの需要はどのくらい増加するか求めなさい。

(i) このモデルはよいモデルか否かを述べ，その理由を述べなさい。

4. 次のような乗用車への需要の時系列データが与えられているとき,

年		2011	2012	2013	2014	2015
需要量	(Y)	5	5	8	7	9
価格	(X_1)	10	9	8	7	6
自動車ローンの利率	(X_2)	12	11	14	11	12

(単位:Y…百万台,X_1…千ドル,X_2…パーセント)

(a) 回帰直線の式を求めなさい.

(b) $X_1 = 8$,$X_2 = 12$ のときの需要量を推定しなさい.

(c) 帰無仮説および対立仮説を述べなさい.

(d) ANOVA テーブルを作成しなさい.

(e) 標準誤差を計算しなさい.

(f) 決定係数を求めなさい.

(g) 上記 (b) の推定値の 95%の信頼区間を求めなさい.

(h) 有意水準 $\alpha = 0.05$ で仮説を検定しなさい.

(i) 車の価格は一定であると仮定して,利子率が 1%下がったとき,どのくらい需要が伸びるか求めなさい.

(j) このモデルはよいモデルか否かを評価し,その理由を述べなさい.

5. ある会社の製品 A の売り上げは,その製品の値段と広告の量によって決定されることが知られている.次のような過去のデータが与えられているとき,

売上	(Y)	8	5	3	4	5
値段	(X_1)	2	3	4	5	6
広告	(X_2)	4	2	1	4	4

(単位:Y…百万ドル,X_1…千ドル,X_2…万ドル)

(a) 回帰直線の式を求めなさい.

(b) $X_1 = 4$,$X_2 = 2$ のときの売上の期待値を求めなさい.

(c) 当該製品の値段が一定に保たれていると仮定して,宣伝を 1 万ドル増やしたとき(すなわち,$\Delta X_2 = 1$),売上はどれだけ増加するか求めなさい.

(d) 帰無仮説および対立仮説を述べなさい.

(e) ANOVA テーブルを作成しなさい.

(f) 決定係数および相関係数を計算しなさい.

(g) Y の推定値の標準誤差を計算しなさい.

(h) 有意水準 $\alpha = 0.05$ で仮説を検定しなさい.

(i) このモデルはよいか否かを評価し,その理由を述べなさい.

6. パソコンの卸売りの売上高は宣伝費と販売員数の関数であることが知られているとする。次のようなデータが与えられているとき,

売上	(Y)	4	4	7	10	10
宣伝費	(X_1)	3	4	5	6	7
販売員数	(X_2)	3	1	2	6	3

(単位:Y, X_1:万ドル, X_2…人)

(a) 回帰直線の式を求めなさい。

(b) $X_1 = 6$, $X_2 = 3$ のとき,売上高の期待値を求めなさい。

(c) 販売員数が一定だと仮定して,宣伝費のみを 1 万ドル増加したときに売上はどのくらい増加するか求めなさい。

(d) 帰無仮説および対立仮説を述べなさい。

(e) ANOVA テーブルを作成しなさい。

(f) 決定係数および相関係数を計算しなさい。

(g) Y の推定値の標準誤差を計算しなさい。

(h) 有意水準 $\alpha = 0.01$ で仮説を検定しなさい。

(i) このモデルがよいモデルか否かを評価し,その理由を述べなさい。

7. 練習問題 2 を用いて

(a) $X_1 = 8$, $X_2 = 4$ のとき Y の点推定値を求めなさい。

(b) Y の標準誤差を計算しなさい。

(c) $X_1 = 8$, $X_2 = 4$ のとき,Y_i の 90%信頼区間を計算しなさい。

8. 練習問題 2 を用いて

(a) 単相関 r_{12}, r_{Y1}, r_{Y2} を計算しなさい。

(b) 単相関を比較して,X_1 か X_2 のどちらを回帰線に入れるべきか決定しなさい。

(c) 部分相関 $r_{Y1 \cdot 2}$, $r_{Y2 \cdot 1}$, $r_{12 \cdot Y}$ を計算しなさい。

(d) 上記の部分相関を比較して,どの変数を最初にモデルに入れるべきか決定しなさい。

(e) 最初の変数がモデルに入れられてから,もう一方の変数をモデルに入れるのは有望かどうか検討しなさい。

9. 練習問題 2 を用いて

(a) β_1 に関する仮説を述べなさい。

(b) b_1 の標準誤差を計算しなさい。

(c) 有意水準 $\alpha = 0.05$ で仮説を検定しなさい。

(d) β_2 に関する仮説を述べなさい。

(e) b_2 の標準誤差を計算しなさい。

(f) 有意水準 $\alpha = 0.05$ で仮説を検定しなさい。

(g) このモデルを評価しなさい。

10. 練習問題 3 を用いて

(a) $X_1 = 8$, $X_2 = 4$ のとき，Y の点推定値を計算しなさい。

(b) Y の標準誤差を求めなさい。

(c) $X_1 = 8$, $X_2 = 3$ のとき，Y_i の 90% 信頼区間を計算しなさい。

11. 練習問題 3 を用いて

(a) 単相関 r_{12}, r_{Y1}, r_{Y2} を計算しなさい。

(b) 単相関を計算して，X_1 および X_2 のどちらを回帰線に最初に入れるかを決定しなさい。

(c) 部分相関 $r_{Y1 \cdot 2}$, $r_{Y2 \cdot 1}$, $r_{12 \cdot Y}$ を計算しなさい。

(d) これらの部分相関を比較して，どの変数が最初にモデルに入れられるべきか決定しなさい。

(e) はじめに最初の変数がモデルに入れられてから，もう一方の変数をモデルに入れるのは有望かどうか検討しなさい。

12. 練習問題 3 を用いて

(a) β_1 に関する仮説を述べなさい。

(b) b_1 の標準誤差を計算しなさい。

(c) 有意水準 $\alpha = 0.05$ で b_1 に関する仮説を検定しなさい。

(d) β_2 に関する仮説を述べなさい。

(e) b_2 の標準誤差を計算しなさい。

(f) 有意水準 $\alpha = 0.05$ で b_1 に関する仮説を検定しなさい。

(g) このモデルを評価しなさい。

13. 次のようなマクロ経済の時系列データが与えられているとき，

年		2016	2017	2018	2019	2020
個人消費	(Y)	2	5	3	6	4
可処分所得	(X_1)	3	4	5	6	7
消費意欲	(X_2)	1	3	2	3	1

（単位：十億ドル）

(a) 回帰直線の式を求めなさい。

(b) $X_1 = 6$, $X_2 = 2$ のとき，推定される個人消費額 (Y) を求めなさい。

(c) 帰無仮説および対立仮説を述べなさい。

(d) ANOVA テーブルを作成しなさい。

(e) 標準誤差を計算しなさい。

(f) 決定係数を求めなさい。

(g) 上記 (b) の 95%信頼区間を求めなさい。

(h) 有意水準 $\alpha = 0.05$ で仮説を検定しなさい。

14. 練習問題 13 を用いて，

(a) X_1 が一定に保たれていると仮定して，X_2 が 1 単位（10 億ドル）増えたとき，消費はどのくらい増加するか求めなさい。

(b) 単相関 r_{12}，r_{Y1}，r_{Y2} を計算しなさい。

(c) 単相関を比較して，X_1 と X_2 のどちらの変数が回帰線に最初に入れられるべきか決定しなさい。

(d) 部分相関 $r_{Y1 \cdot 2}$，$r_{Y2 \cdot 1}$，$r_{12 \cdot Y}$ を計算しなさい。

(e) 部分相関を比較して，他方の説明偏数がすでにモデルに含まれているときに，どちらの変数がモデルをより改良すると思われるか。

(f) はじめの変数がモデルに入れられてから，もう一方の変数をモデルに入れるのは有望かどうか検討しなさい。

(g) このモデルがよいモデルか否かを評価し，その理由を述べなさい。

第 4 章
基礎数学

行列

一般に，長方形に並んだ数字を左右両方から縦の線またはカッコで囲んだものを**行列**（matrix）という．行列の横の並びを行といい，縦の並びを列という．

$$A = \begin{bmatrix} a_{11} & a_{12} & a_{13} \\ a_{21} & a_{22} & a_{23} \\ a_{31} & a_{32} & a_{33} \end{bmatrix} \leftarrow 行$$

列　　　　　対角成分

また，転置行列 $\begin{bmatrix} a_{11} & a_{21} & a_{31} \\ a_{12} & a_{22} & a_{32} \\ a_{13} & a_{23} & a_{33} \end{bmatrix}$ を A' と表す（これは第 5 章で取り扱う）．

例 1

$$A = \begin{bmatrix} 3 & -1 & 2 \\ 2 & 1 & -4 \\ 0 & 6 & 7 \end{bmatrix}$$

m 行で n 列ある行列を (m, n) 行列，または $m \times n$ 行列と表す．

数字の組である行列に対して，1 列のみの数字の組をベクトルと呼び，単なる 1 つの数字をスカラーという．

2つの行列 A と B は同じ型で，それぞれ対応する場所にある数字が等しいときにのみ，等しい（相等である）という。

4.2 加法

2つの行列 A と B が同じ型で，それぞれの行列で同じ場所にある数字を加算することによって行列は加算できる。

例2 たとえば一般式は次のようになる。

$$\begin{bmatrix} a_{11} & a_{12} \\ a_{21} & a_{22} \end{bmatrix} + \begin{bmatrix} b_{11} & b_{12} \\ b_{21} & b_{22} \end{bmatrix} = \begin{bmatrix} a_{11} + b_{11} & a_{12} + b_{12} \\ a_{21} + b_{21} & a_{22} + b_{22} \end{bmatrix}$$

上のような一般式が与えられているとき，数字をあてはめると次のようになる。

$$\begin{bmatrix} 2 & 6 \\ 7 & 9 \end{bmatrix} + \begin{bmatrix} 4 & 9 \\ -6 & 5 \end{bmatrix} = \begin{bmatrix} 2+4 & 6+9 \\ 7-6 & 9+5 \end{bmatrix} = \begin{bmatrix} 6 & 15 \\ 1 & 14 \end{bmatrix}$$

4.3 減法

2つの行列 A と B が同じ型で，それぞれの行列で A にある数字から B の同じ場所にある数字を引くことによって減法は得られる。

例3

$$\begin{bmatrix} a_{11} & a_{12} \\ a_{21} & a_{22} \end{bmatrix} - \begin{bmatrix} b_{11} & b_{12} \\ b_{21} & b_{22} \end{bmatrix} = \begin{bmatrix} a_{11} - b_{11} & a_{12} - b_{12} \\ a_{21} - b_{21} & a_{22} - b_{22} \end{bmatrix}$$

$$\begin{bmatrix} 4 & 6 \\ -1 & -7 \end{bmatrix} - \begin{bmatrix} 2 & -9 \\ 5 & 3 \end{bmatrix} = \begin{bmatrix} 4-2 & 6-(-9) \\ -1-5 & -7-3 \end{bmatrix} = \begin{bmatrix} 2 & 15 \\ -6 & -10 \end{bmatrix}$$

4.4 乗法

行列とスカラーを掛けるときは，行列の全ての要素にスカラーを掛けること

によって行列の乗算が得られる。

例 4

$$c \begin{bmatrix} a_{11} & a_{12} \\ a_{21} & a_{22} \end{bmatrix} = \begin{bmatrix} ca_{11} & ca_{12} \\ ca_{21} & ca_{22} \end{bmatrix}$$

$$6 \begin{bmatrix} 4 & -1 \\ 2 & 3 \end{bmatrix} = \begin{bmatrix} 24 & -6 \\ 12 & 18 \end{bmatrix}$$

A と B の行列どうしの掛け算は A の列の数と B の行の数が一致したときだけ掛けることができる。A の i 番目の行と B の j 番目の列の掛け算はその属する行および列の数字をその並んでいる順序に A と B で対応する数字を掛けていき，それを全部加算することによって得られる。

例 5

$$\begin{bmatrix} a_{11} & a_{12} \\ a_{21} & a_{22} \end{bmatrix} \begin{bmatrix} b_{11} \\ b_{21} \end{bmatrix} = \begin{bmatrix} a_{11}b_{11} + a_{12}b_{21} \\ a_{21}b_{11} + a_{22}b_{21} \end{bmatrix}$$

$$\begin{bmatrix} 3 & 4 \\ 2 & 5 \end{bmatrix} \begin{bmatrix} 6 \\ 2 \end{bmatrix} = \begin{bmatrix} 3 \times 6 + 4 \times 2 \\ 2 \times 6 + 5 \times 2 \end{bmatrix} = \begin{bmatrix} 18 + 8 \\ 12 + 10 \end{bmatrix} = \begin{bmatrix} 26 \\ 22 \end{bmatrix}$$

例 6

$$\begin{bmatrix} a_{11} & a_{12} \\ a_{21} & a_{22} \end{bmatrix} \begin{bmatrix} b_{11} & b_{12} \\ b_{21} & b_{22} \end{bmatrix} = \begin{bmatrix} a_{11}b_{11} + a_{12}b_{21} & a_{11}b_{12} + a_{12}b_{22} \\ a_{21}b_{11} + a_{22}b_{21} & a_{21}b_{12} + a_{22}b_{22} \end{bmatrix}$$

$$\begin{bmatrix} 4 & 3 \\ -5 & 2 \end{bmatrix} \begin{bmatrix} 2 & 4 \\ 1 & -3 \end{bmatrix} = \begin{bmatrix} 4 \times 2 + 3 \times 1 & 4 \times 4 + 3 \times (-3) \\ (-5) \times 2 + 2 \times 1 & (-5) \times 4 + 2 \times (-3) \end{bmatrix}$$

$$= \begin{bmatrix} 8 + 3 & 16 - 9 \\ -10 + 2 & -20 - 6 \end{bmatrix} = \begin{bmatrix} 11 & 7 \\ -8 & 26 \end{bmatrix}$$

例 7

$$
\begin{bmatrix} a_{11} & a_{12} \\ a_{21} & a_{22} \end{bmatrix} \begin{bmatrix} b_{11} & b_{12} & b_{13} \\ b_{21} & b_{22} & b_{23} \end{bmatrix}
$$

$$
= \begin{bmatrix} a_{11}b_{11} + a_{12}b_{21} & a_{11}b_{12} + a_{12}b_{22} & a_{11}b_{13} + a_{12}b_{23} \\ a_{21}b_{11} + a_{22}b_{21} & a_{21}b_{12} + a_{22}b_{22} & a_{21}b_{13} + a_{22}b_{23} \end{bmatrix}
$$

$$
\begin{bmatrix} 5 & -3 \\ -1 & 4 \end{bmatrix} \begin{bmatrix} 1 & 4 & 7 \\ 3 & -1 & 2 \end{bmatrix}
$$

$$
= \begin{bmatrix} 5 \times 1 + (-3) \times 3 & 5 \times 4 + (-3) \times (-1) & 5 \times 7 + (-3) \times 2 \\ (-1) \times 1 + 4 \times 3 & (-1) \times 4 + 4 \times (-1) & (-1) \times 7 + 4 \times 2 \end{bmatrix}
$$

$$
= \begin{bmatrix} 5 - 9 & 20 + 3 & 35 - 6 \\ -1 + 12 & -4 - 4 & -7 + 8 \end{bmatrix} = \begin{bmatrix} -4 & 23 & 29 \\ 11 & -8 & 1 \end{bmatrix}
$$

例 8

$$
\begin{bmatrix} a_{11} & a_{12} & a_{13} \\ a_{21} & a_{22} & a_{23} \\ a_{31} & a_{32} & a_{33} \end{bmatrix} \begin{bmatrix} b_{11} & b_{12} & b_{13} \\ b_{21} & b_{22} & b_{23} \\ b_{31} & b_{32} & b_{33} \end{bmatrix}
$$

$$
= \begin{bmatrix} (a_{11}b_{11} + a_{12}b_{21} + a_{13}b_{31}) & (a_{11}b_{12} + a_{12}b_{22} + a_{13}b_{32}) & (a_{11}b_{13} + a_{12}b_{23} + a_{13}b_{33}) \\ (a_{21}b_{11} + a_{22}b_{21} + a_{23}b_{31}) & (a_{21}b_{12} + a_{22}b_{22} + a_{23}b_{32}) & (a_{21}b_{13} + a_{22}b_{23} + a_{23}b_{33}) \\ (a_{31}b_{11} + a_{32}b_{21} + a_{33}b_{31}) & (a_{31}b_{12} + a_{32}b_{22} + a_{33}b_{32}) & (a_{31}b_{13} + a_{32}b_{23} + a_{33}b_{33}) \end{bmatrix}
$$

$$
\begin{bmatrix} -1 & 2 & 4 \\ 5 & 1 & 3 \\ 3 & -1 & -2 \end{bmatrix} \begin{bmatrix} 2 & 6 & 3 \\ -7 & 0 & -5 \\ 1 & -2 & 0 \end{bmatrix}
$$

$$
= \begin{bmatrix} (-1) \times 2 + 2 \times (-7) + 4 \times 1 & (-1) \times 6 + 2 \times 0 + 4 \times (-2) & (-1) \times 3 + 2 \times (-5) + 4 \times 0 \\ 5 \times 2 + 1 \times (-7) + 3 \times 1 & 5 \times 6 + 1 \times 0 + 3 \times (-2) & 5 \times 3 + 1 \times (-5) + 3 \times 0 \\ 3 \times 2 + (-1) \times (-7) + (-2) \times 1 & 3 \times 6 + (-1) \times 0 + (-2) \times (-2) & 3 \times 3 + (-1) \times (-5) + (-2) \times 0 \end{bmatrix}
$$

$$
= \begin{bmatrix} -2 - 14 + 4 & -6 + 0 - 8 & -3 - 10 + 0 \\ 10 - 7 + 3 & 30 + 0 - 6 & 15 - 5 + 0 \\ 6 + 7 - 2 & 18 + 0 + 4 & 9 + 5 + 0 \end{bmatrix} = \begin{bmatrix} -12 & -14 & -13 \\ 6 & 24 & 10 \\ 11 & 22 & 14 \end{bmatrix}
$$

行列 A の i 番目の行（row）を R_i，行列 B の j 番目の列（column）を C_j とすると，上記の掛け算のすべては次のように表すことができる。

$$AB = \begin{bmatrix} R_1 \\ R_2 \\ R_3 \end{bmatrix} \begin{bmatrix} C_1 & C_2 & C_3 \end{bmatrix} = \begin{bmatrix} R_1C_1 & R_1C_2 & R_1C_3 \\ R_2C_1 & R_2C_2 & R_2C_3 \\ R_3C_1 & R_3C_2 & R_3C_3 \end{bmatrix}$$

なお，一般的に AB と BA の結果は異なるため掛け算の順序に注意する。

4.5　単位行列

単位行列（identity matrix）は正方形の行列（すなわち (n, n) 行列）で左上から右下に引かれる対角線上にある数字は全てが 1 であり，それ以外は全て 0 の行列をいう。

$$I = \begin{bmatrix} 1 & 0 & 0 & 0 & \cdots & \cdots & \cdots & 0 \\ 0 & 1 & 0 & 0 & \cdots & \cdots & \cdots & 0 \\ 0 & 0 & 1 & 0 & \cdots & \cdots & \cdots & 0 \\ 0 & 0 & 0 & 1 & \cdots & \cdots & \cdots & 0 \\ \cdots & \cdots & \cdots & \cdots & \cdots & \cdots & \cdots & 0 \\ \cdots & \cdots & \cdots & \cdots & \cdots & \cdots & \cdots & 0 \\ \cdots & \cdots & \cdots & \cdots & \cdots & \cdots & \cdots & 0 \\ 0 & 0 & 0 & 0 & \cdots & \cdots & \cdots & 1 \end{bmatrix}$$

4.6　逆行列

行列 A が与えられているとき，ある行列 B を A に掛けたときに，その積が単位行列になるならば，行列 B は A の**逆行列**である。逆行列を A^{-1} で表すと次のようになる。

$$AA^{-1} = A^{-1}A = I$$

例 9

$$A = \begin{bmatrix} 1 & 1 \\ 3 & 2 \end{bmatrix}, \quad B = \begin{bmatrix} -2 & 1 \\ 3 & -1 \end{bmatrix}$$

すると,

$$AB = \begin{bmatrix} 1 & 1 \\ 3 & 2 \end{bmatrix}\begin{bmatrix} -2 & 1 \\ 3 & -1 \end{bmatrix} = \begin{bmatrix} -2+3 & 1-1 \\ -6+6 & 3-2 \end{bmatrix} = \begin{bmatrix} 1 & 0 \\ 0 & 1 \end{bmatrix}$$

となり,したがって B は A の逆行列,すなわち,$B = A^{-1}$ である。

ということは,

$$A^{-1} = \begin{bmatrix} -2 & 1 \\ 3 & -1 \end{bmatrix}$$

と表すことができる。

4.7 行列を使って連立方程式を解く方法

まず連立方程式を $X = \begin{bmatrix} x_1 \\ x_2 \\ \vdots \\ x_n \end{bmatrix}$ として

$$AX = B \tag{4.1}$$

と表す。左から逆行列 A^{-1} を掛けると,

$$A^{-1}AX = A^{-1}B \tag{4.2}$$

$$IX = A^{-1}B \tag{4.3}$$

となり,$IX = X$ より,解 x_1,x_2 が求められる。

$$X = A^{-1}B \tag{4.4}$$

例10

連立方程式

$$\begin{cases} x_1 + x_2 = 10 \\ 3x_1 + 2x_2 = 20 \end{cases}$$

は行列を使って次のように $AX = B$ の形で表すことができる。

$$\begin{bmatrix} 1 & 1 \\ 3 & 2 \end{bmatrix} \begin{bmatrix} x_1 \\ x_2 \end{bmatrix} = \begin{bmatrix} 10 \\ 20 \end{bmatrix}$$

ここで

$$A = \begin{bmatrix} 1 & 1 \\ 3 & 2 \end{bmatrix}, \quad X = \begin{bmatrix} x_1 \\ x_2 \end{bmatrix}, \quad B = \begin{bmatrix} 10 \\ 20 \end{bmatrix}$$

そして，すでに

$$A^{-1} = \begin{bmatrix} -2 & 1 \\ 3 & -1 \end{bmatrix}$$

であることがわかっている。したがって，

$$X = A^{-1}B = \begin{bmatrix} -2 & 1 \\ 3 & -1 \end{bmatrix} \begin{bmatrix} 10 \\ 20 \end{bmatrix} = \begin{bmatrix} -20 + 20 \\ 30 - 20 \end{bmatrix} = \begin{bmatrix} 0 \\ 10 \end{bmatrix}$$

すなわち，

$$X = \begin{bmatrix} x_1 \\ x_2 \end{bmatrix} = \begin{bmatrix} 0 \\ 10 \end{bmatrix}$$

この結果は連立方程式を消去法で解く答と一致する。

4.8　ガウス・ジョーダン法

　連立方程式 $AX = B$ があるとき，ガウス・ジョーダン法は行列を使って表現するならば次のようなプロセスで連立方程式を機械的に解く方法である。

$$A|I|B \tag{4.5}$$

$$A^{-1}A|A^{-1}I|A^{-1}B \tag{4.6}$$

$$I|A^{-1}|A^{-1}B \tag{4.7}$$

つまり (4.5) のように行列 A と行列 B の間に単位行列 I を置き，以下に述べる単純操作を繰り返し (4.6) の演算を行うことにより，行列 A が (4.7) の左端のように I になる。元々 I があったところは自動的に逆行列 A^{-1} になり，右端の $A^{-1}B$ が連立方程式の解 X となるのである。

ガウス・ジョーダン法では次に示す操作を繰り返し用いるが，これらの操作では連立方程式の基本的な性格は何も変わらない。

1. 方程式の順序を変える。
2. 方程式の両辺に定数 $c\,(\neq 0)$ を掛けたり，割ったりする。
3. 方程式に，定数 $c\,(\neq 0)$ を掛けたり割ったりした他の方程式を，加えたり引いたりする。

行列 A から単位行列 I に変換する過程では，各列において基本となる 1 つの数字だけ 1 にして他の数字は全て 0 にするという計算を繰り返す。このとき，各列の 1 が入っている場所を枢軸要素（pivot）といい，同じ列の他の数字を 0 にするとき，必ず枢軸要素の入っている基本行（basic row）を用いなければならない。

ただし，連立方程式を行列を使うガウス・ジョーダン法で解くことができない場合がある。詳しくは第 5 章（5.6.1 項）で述べる。

例題 4.1

次の連立方程式をガウス・ジョーダン法によって解きなさい。

$$\begin{cases} 1x_1 + 0x_2 + 3x_3 = -2 \\ 0x_1 + 2x_2 + 4x_3 = 2 \\ 1x_1 + 2x_2 + 0x_3 = 7 \end{cases}$$

解答

　最終タブロー（tableau, 表 4.1 の行 ⑩ から ⑫ までを指す）において，行列 I を示している左側の 3 列にある 1 に対応する変数が右辺の答えを結びつけている。たとえば，この連立方程式の解答は $x_1 = 1$, $x_2 = 3$, $x_3 = -1$ である。

　表 4.1 において第 1 タブロー（行 ① 〜③）の左側の 3 列が式 (4.5) における行列 A を表している。そして表 4.1 の最終タブローにおける中央の 3 列が式 (4.7) における A^{-1} を表している。したがって，この 2 つの行列を掛け合わせると行列 I（単位行列）になるはずである。

表 4.1

		A			I			B	
		a_1	a_2	a_3	i_1	i_2	i_3	右辺	
(4.5)		1	0	3	1	0	0	-2	①
		0	2	4	0	1	0	2	②
		1	2	0	0	0	1	7	③
	①	1	0	3	1	0	0	-2	④
	②	0	2	4	0	1	0	2	⑤
	③ $-$④	0	2	-3	-1	0	1	9	⑥
	④	1	0	3	1	0	0	-2	⑦
	⑤ $/2$	0	1	2	0	$1/2$	0	1	⑧
	⑥ $-$⑧ $/2$	0	0	-7	-1	-1	1	7	⑨
(4.7)	⑦ $-$⑫ $\times 3$	1	0	0	$4/7$	$-3/7$	$3/7$	1	⑩
	⑧ $-$⑫ $\times 2$	0	1	0	$-2/7$	$3/14$	$2/7$	3	⑪
	⑨ $/(-7)$	0	0	1	$1/7$	$1/7$	$-1/7$	-1	⑫
		I			A^{-1}			$A^{-1}B$	

　計算を簡単にするために A^{-1} を $1/14$ でくくって（前に出して）から計算しよう。

$$AA^{-1} = \frac{1}{14} \begin{bmatrix} 1 & 0 & 3 \\ 0 & 2 & 4 \\ 1 & 2 & 0 \end{bmatrix} \begin{bmatrix} 8 & -6 & 6 \\ -4 & 3 & 4 \\ 2 & 2 & -2 \end{bmatrix}$$

$$= \frac{1}{14} \begin{bmatrix} 8+0+6 & -6+0+6 & 6+0-6 \\ 0-8+8 & 0+6+8 & 0+8-8 \\ 8-8+0 & -6+6+0 & 6+8-0 \end{bmatrix}$$

$$= \frac{1}{14} \begin{bmatrix} 14 & 0 & 0 \\ 0 & 14 & 0 \\ 0 & 0 & 14 \end{bmatrix} = \begin{bmatrix} 1 & 0 & 0 \\ 0 & 1 & 0 \\ 0 & 0 & 1 \end{bmatrix}$$

例題 4.2

次の連立方程式をガウス・ジョーダン法で解きなさい。

$$\begin{cases} 1x_1 + 1x_2 + 1x_3 = 6 \\ 2x_1 - 1x_2 - 1x_3 = 9 \\ 0x_1 + 2x_2 + 3x_3 = 1 \end{cases}$$

解答

表 4.2

	a_1	a_2	a_3	i_1	i_2	i_3	右辺	
	1	1	1	1	0	0	6	①
	2	-1	-1	0	1	0	9	②
	0	2	3	0	0	1	1	③
①	1	1	1	1	0	0	6	④
②+④×(-2)	0	-3	-3	-2	1	0	-3	⑤
③	0	2	3	0	0	1	1	⑥
④+⑧×(-1)	1	0	0	1/3	1/3	0	5	⑦
⑤/(-3)	0	1	1	2/3	-1/3	0	1	⑧
⑥+⑧×(-2)	0	0	1	-4/3	2/3	1	-1	⑨
⑦	1	0	0	1/3	1/3	0	5	⑩
⑧-⑨	0	1	0	2	-1	-1	2	⑪
⑨	0	0	1	-4/3	2/3	1	-1	⑫

連立方程式の解は $x_1 = 5$, $x_2 = 2$, $x_3 = -1$ となる。

第 1 タブローの左側の 3 列が行列 A を形成し，最終タブローの中央の 3 列が A^{-1} を形成するからこの 2 つの行列を掛け合わせると単位行列 I になるはずである。これが 1 つの計算のチェックの仕方である。

$$
AA^{-1} = \begin{bmatrix} 1 & 1 & 1 \\ 2 & -1 & -1 \\ 0 & 2 & 3 \end{bmatrix} \begin{bmatrix} 1/3 & 1/3 & 0 \\ 2 & -1 & -1 \\ -4/3 & 2/3 & 1 \end{bmatrix}
$$

$$
= \frac{1}{3} \begin{bmatrix} 1 & 1 & 1 \\ 2 & -1 & -1 \\ 0 & 2 & 3 \end{bmatrix} \begin{bmatrix} 1 & 1 & 0 \\ 6 & -3 & -3 \\ -4 & 2 & 3 \end{bmatrix}
$$

$$
= \frac{1}{3} \begin{bmatrix} 1+6-4 & 1-3+2 & 0-3+3 \\ 2-6+4 & 2+3-2 & 0+3-3 \\ 0+12-12 & 0-6+6 & 0-6+9 \end{bmatrix}
$$

$$
= \frac{1}{3} \begin{bmatrix} 3 & 0 & 0 \\ 0 & 3 & 0 \\ 0 & 0 & 3 \end{bmatrix} = \begin{bmatrix} 1 & 0 & 0 \\ 0 & 1 & 0 \\ 0 & 0 & 1 \end{bmatrix}
$$

これまでに示した方法は逆行列を求める際にも利用できる。

例題4.3

行列 A が次のように与えられているとき，A^{-1} を求めなさい。

$$
A = \begin{bmatrix} 2 & 5 \\ 1 & 3 \end{bmatrix}
$$

解答

	X_1	X_2	X_3	X_4	行番号
	2	5	1	0	①
	1	3	0	1	②
①/2	1	5/2	1/2	0	③
②−③	0	1/2	−1/2	1	④
③−⑥×5/2	1	0	3	−5	⑤
④×2	0	1	−1	2	⑥

A^{-1} は $\begin{bmatrix} 3 & -5 \\ -1 & 2 \end{bmatrix}$

チェック：

$$AA^{-1} = \begin{bmatrix} 2 & 5 \\ 1 & 3 \end{bmatrix} \begin{bmatrix} 3 & -5 \\ -1 & 2 \end{bmatrix} = \begin{bmatrix} 6-5 & -10+10 \\ 3-3 & -5+6 \end{bmatrix} = \begin{bmatrix} 1 & 0 \\ 0 & 1 \end{bmatrix}$$

例題 4.4

次の連立方程式をガウス・ジョーダン法で解きなさい。

$$\begin{cases} -3x_1 + 4x_2 = -7 \\ 5x_1 - 7x_2 = 13 \end{cases}$$

解答

	a_1	a_2	i_1	i_2	右辺	
	−3	4	1	0	−7	①
	5	−7	0	1	13	②
①/−3	1	−4/3	−1/3	0	7/3	③
②−③×5	0	−1/3	5/3	1	4/3	④
③+⑥×4/3	1	0	−7	−4	−3	⑤
④×3	0	1	−5	−3	−4	⑥

解答は $x_1 = -3, \ x_2 = -4$ となる。

$$X = A^{-1}B = \begin{bmatrix} -7 & -4 \\ -5 & -3 \end{bmatrix} \begin{bmatrix} -7 \\ 13 \end{bmatrix} = \begin{bmatrix} 49 - 52 \\ 35 - 39 \end{bmatrix} = \begin{bmatrix} -3 \\ -4 \end{bmatrix}$$

$$AA^{-1} = \begin{bmatrix} -3 & 4 \\ 5 & -7 \end{bmatrix} \begin{bmatrix} -7 & -4 \\ -5 & -3 \end{bmatrix} = \begin{bmatrix} 21 - 20 & 12 - 12 \\ -35 + 35 & -20 + 21 \end{bmatrix} = \begin{bmatrix} 1 & 0 \\ 0 & 1 \end{bmatrix}$$

4.9　クラメルの公式

　連立方程式を解く方法として，クラメルの公式と呼ばれるものもある。次の例を用いて説明しよう。

例題4.5

　次の連立方程式をクラメルの公式を用いて解きなさい。

$$\begin{cases} 1x_1 + 0x_2 + 3x_3 = -2 \\ 0x_1 + 2x_2 + 4x_3 = 2 \\ 1x_1 + 2x_2 + 0x_3 = 7 \end{cases}$$

解答

　この連立方程式は 3 つの変数を含む。クラメルの公式を使って，3 つの変数の解を求めるには，次のような 1 つの分母となる行列式と 3 つの分子となる行列式を必要とする。

$$\begin{vmatrix} 1 & 0 & 3 \\ 0 & 2 & 4 \\ 1 & 2 & 0 \end{vmatrix} \quad \begin{vmatrix} -2 & 0 & 3 \\ 2 & 2 & 4 \\ 7 & 2 & 0 \end{vmatrix} \quad \begin{vmatrix} 1 & -2 & 3 \\ 0 & 2 & 4 \\ 1 & 7 & 0 \end{vmatrix} \quad \begin{vmatrix} 1 & 0 & -2 \\ 1 & 2 & 2 \\ 1 & 2 & 7 \end{vmatrix}$$

$$\text{分母}(A) \qquad \text{分子·1}(B) \qquad \text{分子·2}(C) \qquad \text{分子·3}(D)$$

　分母の行列式は方程式の左辺の係数からできている。分子の行列式は，分母をもとにして作られる。分子 1 の左側の列 $(-2, 2, 7)$ は方程式の右辺であり，あとは分母と同じである。分子 2 の中央の列 $(-2, 2, 7)$ も方程式の右辺で，後

は分母と同じである。分子 3 の右側の列 $(-2, 2, 7)$ も方程式の右辺で，あとは分母と同じである。つまり，分子の行列式は，方程式の右辺 $(-2, 2, 7)$ を分母の左側から右の方向に 1 つずつ移動することで得られる。

次にこの行列式の数字を次の図のような線に沿って掛けて行列式の値を求める。左上から右下に行く線は，この掛け算はプラスとなり，右上から左下に行く線は掛けた数字にマイナスをつける。分母 (A) の ① は $1 \times 2 \times 0 = 0$ である。② は $0 \times 2 \times 3 = 0$ となる。④ は $(3 \times 2 \times 1)$ に $-$ をつける。① から ⑥ までの総和は -14 である。分子 $1(B)$ の ① では，$-2 \times 2 \times 0 = 0$，② は $2 \times 2 \times 3 = 12$，④ は $(3 \times 2 \times 7)$ に $-$ をつけて -42 となる。① から ⑥ までの総和は -14 である。

(A)

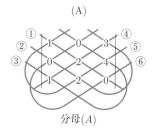

分母 (A)

(B)

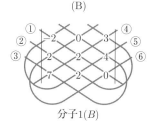

分子 $1(B)$

①	$1 \times 2 \times 0 = 0$		①	$-2 \times 2 \times 0 = 0$	
②	$0 \times 2 \times 3 = 0$		②	$2 \times 2 \times 3 = 12$	
③	$1 \times 4 \times 0 = 0$		③	$7 \times 4 \times 0 = 0$	
④	$-(3 \times 2 \times 1) = -6$		④	$-(3 \times 2 \times 7) = -42$	
⑤	$-(4 \times 2 \times 1) = -8$		⑤	$-(4 \times 2 \times -2) = 16$	
+) ⑥	$-(0 \times 0 \times 0) = 0$		+) ⑥	$-(0 \times 2 \times 0) = 0$	
		-14			-14

最後に x_1，x_2，x_3 のそれぞれの解は次のようになる。

$$x_1 = \frac{(B)}{(A)}, \quad x_2 = \frac{(C)}{(A)}, \quad x_3 = \frac{(D)}{(A)}$$

ただし，この求め方は (2,2) 行列および (3,3) 行列のときにのみ用いることができる。

$$x_1 = \frac{-14}{-14} = +1$$

同様に x_2, x_3 も求める。

$$x_2 = \begin{vmatrix} 1 & -2 & 3 \\ 0 & 2 & 4 \\ 1 & 7 & 0 \end{vmatrix} \div \begin{vmatrix} 1 & 0 & 3 \\ 0 & 2 & 4 \\ 1 & 2 & 0 \end{vmatrix}$$

$$= \frac{1 \times 2 \times 0 + 0 \times 7 \times 3 + 1 \times 4 \times (-2) - 3 \times 2 \times 1 - 4 \times 7 \times 1 - 0 \times 0 \times (-2)}{1 \times 2 \times 0 + 0 \times 2 \times 3 + 1 \times 4 \times 0 - 3 \times 2 \times 1 - 4 \times 2 \times 1 - 0 \times 0 \times 0}$$

$$= \frac{0 + 0 - 8 - 6 - 28 - 0}{0 + 0 + 0 - 6 - 8 - 0} = \frac{-42}{-14} = +3$$

$$x_3 = \begin{vmatrix} 1 & 0 & -2 \\ 0 & 2 & 2 \\ 1 & 2 & 7 \end{vmatrix} \div \begin{vmatrix} 1 & 0 & 3 \\ 0 & 2 & 4 \\ 1 & 2 & 0 \end{vmatrix}$$

$$= \frac{1 \times 2 \times 7 + 0 \times 2 \times (-2) + 1 \times 2 \times 0 - (-2) \times 2 \times 1 - 2 \times 2 \times 1 - 7 \times 0 \times 0}{1 \times 2 \times 0 + 0 \times 2 \times 3 + 1 \times 4 \times 0 - 3 \times 2 \times 1 - 4 \times 2 \times 1 - 0 \times 0 \times 0}$$

$$= \frac{14 + 0 + 0 - (-4) - (4) - 0}{0 + 0 + 0 - 6 - 8 - 0} = \frac{14}{-14} = -1$$

したがって，解答は $x_1 = 1$, $x_2 = 3$, $x_3 = -1$ となる。

例題4.6

次の連立方程式をクラメルの公式を用いて解きなさい。

$$\begin{cases} 3x_1 - 4x_2 = 34 \\ 5x_1 + 2x_2 = -4 \end{cases}$$

解答

$$x_1 = \begin{vmatrix} 34 & -4 \\ -4 & 2 \end{vmatrix} \div \begin{vmatrix} 3 & -4 \\ 5 & 2 \end{vmatrix} = \frac{34 \times 2 - (-4) \times (-4)}{3 \times 2 - (-4) \times 5} = \frac{52}{26} = 2$$

$$x_2 = \begin{vmatrix} 3 & 34 \\ 5 & -4 \end{vmatrix} \div \begin{vmatrix} 3 & -4 \\ 5 & 2 \end{vmatrix} = \frac{3 \times (-4) - 34 \times 5}{3 \times 2 - (-4) \times 5} = \frac{-182}{26} = -7$$

4.10 微分

ある関数 $f(x)$ について，x から $x + \Delta x$ に変わるときの $f(x)$ の増加分 $f(x + \Delta x) - f(x)$ を x の増加分 Δx で割り，この Δx が限りなく 0 に近づくときの値

$$\lim_{\Delta x \to 0} \frac{f(x + \Delta x) - f(x)}{\Delta x}$$

を x の微分値といい，$f'(x)$ または $\frac{df}{dx}$ で表す。一般には，これは関数がある点で増減する場合，その増減率，つまり増減のスロープ（傾き）を表すものとして用いられ，特に経済学等では非常によく用いられる。この微分値が 0 のときはその関数の傾きが 0 となる極大値か極小値を表すものとして用いられる。

例11 $f(x) = x^2 + 4$ が与えられているとき

$$\begin{aligned} \lim_{\Delta x \to 0} \frac{f(x + \Delta x) - f(x)}{\Delta x} &= \lim_{\Delta x \to 0} \frac{[(x + \Delta x)^2 + 4] - [x^2 + 4]}{\Delta x} \\ &= \lim_{\Delta x \to 0} \frac{[(x + \Delta x)^2] - [x^2]}{\Delta x} \\ &= \lim_{\Delta x \to 0} \frac{2x\Delta x + (\Delta x)^2}{\Delta x} \\ &= \lim_{\Delta x \to 0} (2x + \Delta x) = 2x \end{aligned}$$

つまり，$\frac{d}{dx}(x^2 + 4) = 2x$ となる。

最も基本的な微分式は $\frac{d}{dx}x^n = nx^{n-1}$ である。ただし，定数 a, b に対して，

$$\frac{d}{dx}ax = a, \quad \frac{d}{dx}b = 0 \text{ となる。}$$

例 12

$$\frac{d}{dx}(x^2 + 3x + 1) = 2x + 3$$

例 13

$$\frac{d}{dx}(x^5 + 7x^4 + 8x^3 + 4x^2 + 1)$$
$$= 5x^4 + (4 \times 7)x^3 + (3 \times 8)x^2 + (2 \times 4)x^1 + 0$$
$$= 5x^4 + 28x^3 + 24x^2 + 8x$$

全ての関数が微分できるわけではなく，連続でない関数や折れ線のような傾きが急に変わる関数などは微分できない。微分できる関数は微分可能といい，本書では特記しない限り全て微分可能な関数を扱う。

■ 連鎖律

もし y が微分可能な x の関数であり，x は微分可能な t の関数であるとき，y は微分可能な t の関数として表すことができる。これを連鎖律といい，公式は次の通りである。

$$\frac{dy}{dt} = \frac{dy}{dx}\frac{dx}{dt}$$

例 14

$y = x^2$ と $x = 3t + 2$ が与えられているとき，

$$\frac{dy}{dx} = 2x, \quad \frac{dx}{dt} = 3$$

$\dfrac{dy}{dt} = \dfrac{dy}{dx}\dfrac{dx}{dt}$ より，$x = 3t + 2$ に注意して，y を t で表すことができる。

$$\frac{dy}{dt} = 2x \times 3 = 2(3t + 2) \times 3 = 18t + 12$$

■ 偏微分

偏微分とは説明変数が2つ以上あるとき，特定の変数以外は定数と見なして，微分することをいう。

例 15

$$f(x, y, z) = x^3 + y^4 + 6x + 5y + 3xy + 5z + 6$$

という x および y の関数があるとき，x に関する偏微分は

$$\frac{\partial f}{\partial x} = \frac{\partial}{\partial x}\{x^3 + 6x + 3yx + (y^4 + 5y + 5z + 6)\} = 3x^2 + 6 + 3y$$

となる。

また，y に関する偏微分は

$$\frac{\partial f}{\partial y} = \frac{\partial}{\partial y}\{y^4 + (5 + 3x)y + (x^3 + 6x + 5z + 6)\} = 4y^3 + 5 + 3x$$

となる。

■ 数学的考察

これまで主として中心化したデータを用いていたが，より一般的な線形回帰モデルを学ぶ必要がある。ここでは説明変数が2つの場合の1.3節で説明した最小二乗法について考察したい。ここで扱うモデルは

$$\hat{Y}_i = b_0 + b_1 X_{1i} + b_2 X_{2i} \quad \cdots\cdots\cdots\cdots\cdots\cdots①$$

である。

最小二乗法ではこのモデルが次の2つの条件を満たす必要がある。

$$\sum (Y_i - \hat{Y}_i) = 0 \quad \cdots\cdots\cdots\cdots\cdots\cdots\cdots②$$

$$\sum (Y_i - \hat{Y}_i)^2 \text{が最小になる} \quad \cdots\cdots\cdots③$$

また推定誤差を e_i とすると，

$$e_i = Y_i - \hat{Y}_i \quad \cdots\cdots\cdots\cdots\cdots\cdots\cdots④$$

すなわち，最小二乗法では次の式を最小にするような b_0, b_1, b_2 を決定したいということである。

①，③，④ から，

$$\sum e_i^2 = \sum (Y_i - \hat{Y}_i)^2 = \sum (Y_i - b_0 - b_1 X_{1i} - b_2 X_{2i})^2 \quad \cdots\cdots ⑤$$

ここで ⑤ の $\sum e_i^2$ を最小にするような b_0, b_1, b_2 を選ぶために，⑤ をこれらの変数で偏微分し，それが 0 となるような b_0, b_1, b_2 を選ぶ。

$$\frac{\partial \sum e_i^2}{\partial b_0} = 2 \sum (Y_i - b_0 - b_1 X_{1i} - b_2 X_{2i})(-1) = 0$$

$$\sum Y_i - n b_0 - b_1 \sum X_{1i} - b_2 \sum X_{2i} = 0$$

$$\sum Y_i = n b_0 + b_1 \sum X_{1i} + b_2 \sum X_{2i} \quad \cdots\cdots\cdots\cdots\cdots ⑥$$

$$\frac{\partial \sum e_i^2}{\partial b_1} = 2 \sum (Y_i - b_0 - b_1 X_{1i} - b_2 X_{2i})(-X_{1i}) = 0$$

$$- \sum X_{1i} Y_i + b_0 \sum X_{1i} + b_1 \sum X_{1i}^2 + b_2 \sum X_{1i} X_{2i} = 0$$

$$\sum X_{1i} Y_i = b_0 \sum X_{1i} + b_1 \sum X_{1i}^2 + b_2 \sum X_{1i} X_{2i} \quad \cdots ⑦$$

$$\frac{\partial \sum e_i^2}{\partial b_2} = 2 \sum (Y_i - b_0 - b_1 X_{1i} - b_2 X_{2i})(-X_{2i}) = 0$$

$$- \sum X_{2i} Y_i + b_0 \sum X_{2i} + b_1 \sum X_{1i} X_{2i} + b_2 \sum X_{2i}^2 = 0$$

$$\sum X_{2i} Y_i = b_0 \sum X_{2i} + b_1 \sum X_{1i} X_{2i} + b_2 \sum X_{2i}^2 \quad \cdots\cdots ⑧$$

⑥，⑦，⑧ から

$$\begin{cases} \sum Y_i = n b_0 + b_1 \sum X_{1i} + b_2 \sum X_{2i} \\ \sum X_{1i} Y_i = b_0 \sum X_{1i} + b_1 \sum X_{1i}^2 + b_2 \sum X_{1i} X_{2i} \quad \cdots\cdots\cdots ⑨ \\ \sum X_{2i} Y_i = b_0 \sum X_{2i} + b_1 \sum X_{1i} X_{2i} + b_2 \sum X_{2i}^2 \end{cases}$$

これを行列を用いて表すと

$$\begin{bmatrix} \sum Y_i \\ \sum X_{1i} Y_i \\ \sum X_{2i} Y_i \end{bmatrix} = \begin{bmatrix} n & \sum X_{1i} & \sum X_{2i} \\ \sum X_{1i} & \sum X_{1i}^2 & \sum X_{1i} X_{2i} \\ \sum X_{2i} & \sum X_{1i} X_{2i} & \sum X_{2i}^2 \end{bmatrix} \begin{bmatrix} b_0 \\ b_1 \\ b_2 \end{bmatrix} \quad \cdots ⑩$$

ここで X および Y は n 個のサンプルが得られているものとして，次のように表現できる。

$$Y = \begin{bmatrix} Y_1 \\ Y_2 \\ \vdots \\ Y_n \end{bmatrix}, \quad X = \begin{bmatrix} 1 & X_{11} & X_{21} \\ 1 & X_{12} & X_{22} \\ 1 & X_{13} & X_{23} \\ \vdots & \vdots & \vdots \\ 1 & X_{1n} & X_{2n} \end{bmatrix}, \quad \boldsymbol{b} = \begin{bmatrix} b_0 \\ b_1 \\ b_2 \end{bmatrix}$$

この X と Y を用いて ⑩ の左辺は

$$X'Y = \begin{bmatrix} 1 & 1 & 1 & \cdots & 1 \\ X_{11} & X_{12} & X_{13} & \cdots & X_{1n} \\ X_{21} & X_{22} & X_{23} & \cdots & X_{2n} \end{bmatrix} \begin{bmatrix} Y_1 \\ Y_2 \\ Y_3 \\ \vdots \\ Y_n \end{bmatrix}$$

$$= \begin{bmatrix} Y_1 + Y_2 + \cdots + Y_n \\ X_{11}Y_1 + X_{12}Y_2 + \cdots + X_{1n}Y_n \\ X_{21}Y_1 + X_{22}Y_2 + \cdots + X_{2n}Y_n \end{bmatrix} = \begin{bmatrix} \sum Y_i \\ \sum X_{1i}Y_i \\ \sum X_{2i}Y_i \end{bmatrix} \quad \cdots\cdots ⑪$$

$$X'X = \begin{bmatrix} 1 & 1 & 1 & \cdots & 1 \\ X_{11} & X_{12} & X_{13} & \cdots & X_{1n} \\ X_{21} & X_{22} & X_{23} & \cdots & X_{2n} \end{bmatrix} \begin{bmatrix} 1 & X_{11} & X_{21} \\ 1 & X_{12} & X_{22} \\ 1 & X_{13} & X_{23} \\ \vdots & \vdots & \vdots \\ 1 & X_{1n} & X_{2n} \end{bmatrix}$$

$$= \begin{bmatrix} n & \sum X_{1i} & \sum X_{2i} \\ \sum X_{1i} & \sum X_{1i}^2 & \sum X_{1i}X_{2i} \\ \sum X_{2i} & \sum X_{1i}X_{2i} & \sum X_{2i}^2 \end{bmatrix} \quad \cdots\cdots\cdots\cdots\cdots ⑫$$

$$X'X\boldsymbol{b} = \begin{bmatrix} n & \sum X_{1i} & \sum X_{2i} \\ \sum X_{1i} & \sum X_{1i}^2 & \sum X_{1i}X_{2i} \\ \sum X_{2i} & \sum X_{1i}X_{2i} & \sum X_{2i}^2 \end{bmatrix} \begin{bmatrix} b_0 \\ b_1 \\ b_2 \end{bmatrix}$$

$$
= \begin{bmatrix}
nb_0 + b_1 \sum X_{1i} + b_2 \sum X_{2i} \\
b_0 \sum X_{1i} + b_1 \sum X_{1i}^2 + b_2 \sum X_{1i} X_{2i} \\
b_0 \sum X_{2i} + b_1 \sum X_{1i} X_{2i} + b_2 \sum X_{2i}^2
\end{bmatrix} \cdots\cdots⑬
$$

したがって ⑩，⑪，⑬ から

$$
X'Y = (X'X)\boldsymbol{b}
$$

と表すことができ，

$$
(X'X)^{-1}(X'Y) = (X'X)^{-1}(X'X)\boldsymbol{b}
$$
$$
(X'X)^{-1}(X'Y) = I\boldsymbol{b}
$$
$$
\boldsymbol{b} = (X'X)^{-1}(X'Y) \cdots\cdots\cdots\cdots⑭
$$

より，回帰式を解くということは ⑭ を得るということとほとんど同義であることがわかる。以上より，表 2.8 のように ANOVA テーブルを行列を用いて表すことができる。

表 2.8（再掲）

分散の要因	平方和	自由度	分散	F 比率
回帰線	$\mathrm{SS_{Reg}} = \boldsymbol{b}'X'Y$	k	$\mathrm{MS_{Reg}} = \frac{\mathrm{SS_{Reg}}}{k}$	$F = \frac{\mathrm{MS_{Reg}}}{\mathrm{MS_{Res}}}$
残差	$\mathrm{SS_{Res}} = Y'Y - \boldsymbol{b}'X'Y$	$n-k-1$	$\mathrm{MS_{Res}} = \frac{\mathrm{SS_{Res}}}{n-k-1}$	
合計	$\mathrm{SS_T} = Y'Y$	$n-1$		

第 5 章
一般化線形モデル

5.1 はじめに

　単回帰分析から始まり，2つの変数の重回帰分析を学び，そして最低限必要な行列および微分の演算についても学び，いよいよ一般化線形モデルを学ぼうというのがこの章の目的である。つまり

$$Y = X\boldsymbol{\beta} + \boldsymbol{\varepsilon} \tag{5.1}$$

という行列式で表された式を求めることがこの章の内容なのである。

　ここで説明変数が k 個あり，その k 個の説明変数を使って，Y の変動を説明したいとする。したがって，モデルは以下のようになる。

$$Y_i = \beta_{0i} + \beta_1 X_{1i} + \beta_2 X_{2i} + \beta_3 X_{3i} + \cdots + \beta_k X_{ki} + \varepsilon_i \quad (i = 0, 1, 2, \ldots, n) \tag{5.2}$$

X，Y，$\boldsymbol{\beta}$，$\boldsymbol{\varepsilon}$ を行列で表すと，次のようになる。

$$Y = \begin{bmatrix} Y_1 \\ Y_2 \\ \vdots \\ Y_k \end{bmatrix}, \ X = \begin{bmatrix} 1 & X_{11} & X_{12} & \cdots & X_{1k} \\ 1 & X_{21} & X_{22} & \cdots & X_{2k} \\ \vdots & \vdots & \vdots & \ddots & \vdots \\ 1 & X_{n1} & X_{n2} & \cdots & X_{nk} \end{bmatrix}, \ \boldsymbol{\beta} = \begin{bmatrix} \beta_1 \\ \beta_2 \\ \vdots \\ \beta_k \end{bmatrix}, \ \boldsymbol{\varepsilon} = \begin{bmatrix} \varepsilon_1 \\ \varepsilon_2 \\ \vdots \\ \varepsilon_k \end{bmatrix}$$

これらを $Y = X\boldsymbol{\beta} + \boldsymbol{\varepsilon}$ のモデルに入れると次のようになる。

$$
\begin{bmatrix} Y_1 \\ Y_2 \\ \vdots \\ Y_k \end{bmatrix} = \begin{bmatrix} 1 & X_{11} & X_{12} & \cdots & X_{1k} \\ 1 & X_{21} & X_{22} & \cdots & X_{2k} \\ \vdots & \vdots & \vdots & \ddots & \vdots \\ 1 & X_{n1} & X_{n2} & \cdots & X_{nk} \end{bmatrix} \begin{bmatrix} \beta_1 \\ \beta_2 \\ \vdots \\ \beta_k \end{bmatrix} + \begin{bmatrix} \varepsilon_1 \\ \varepsilon_2 \\ \vdots \\ \varepsilon_k \end{bmatrix}
$$

ここで k 個ある β（係数）を求めるのだが，今までの問題の解き方では少々難しい。第 1 章の例題 1.1 を使って行列を当てはめるとどうなるかを見てみよう。ここに第 1 章の例題 1.1 を再掲する。

例題 5.1　（例題 1.1）

次のデータが与えられている。

売上	(X)	1	2	3	4	5
総費用	(Y)	2	4	3	5	4

（単位：億円）

行列式を使って最適な回帰線を求めなさい。なお，表 5.1（表 1.1）を参照のこと。

表 5.1（表 1.1 再掲）

(1) Sales X_i	(2) Total Cost Y_i	(3)= (1)×(1) X_i^2	(4)= (1)×(2) X_iY_i
1	2	1	2
2	4	4	8
3	3	9	9
4	5	16	20
5	4	25	20
15 $\sum X_i$	18 $\sum Y_i$	55 $\sum X_i^2$	59 $\sum X_iY_i$

■ 最小二乗法

本題に入る前にすでに学んだが，最小二乗法とガウス・ジョーダン法が必要なので，少々復習する（詳しくは第 1 章および第 4 章を参照のこと）。

最小二乗法とは以下の二つの条件を満たすような直線を見出す方法をいう。

$$\begin{cases} \sum e_i = \sum (Y_i - \widehat{Y}_i) = 0 \\ \sum e_i^2 = \sum (Y_i - \widehat{Y}_i)^2 \ \text{が最小} \end{cases}$$

すなわち

$$\sum (Y_i - \hat{Y}_i)^2 = \sum (Y_i - b_0 - b_1 X_i)^2$$

右辺を b_0 に関して偏微分すると

$$\frac{\partial}{\partial b_0} \sum (Y_i - b_0 - b_1 X_i)^2 = \sum 2(Y_i - b_0 - b_1 X_i)(-1)$$

$$= -2 \sum (Y_i - b_0 - b_1 X_i) = 0$$

$$\sum Y_i = n b_0 + b_1 \sum X_i \quad \cdots\cdots\cdots\cdots\cdots\cdots① $$

同様に上記の等式の右辺を b_1 に関して偏微分すると

$$\frac{\partial}{\partial b_1} \sum (Y_i - b_0 - b_1 X_i)^2 = 2 \sum (Y_i - b_0 - b_1 X_i)(-X_i)$$

$$= -2 \sum (X_i Y_i - b_0 X_i - b_1 X_i^2)$$

$$\sum X_i Y_i - b_0 \sum X_i - b_1 \sum X_i^2 = 0$$

$$\sum X_i Y_i = b_0 \sum X_i + b_1 \sum X_i^2 \quad \cdots\cdots\cdots\cdots\cdots② $$

■ ガウス・ジョーダン法

第 1 章の例題 1.1 をガウス・ジョーダン法を用いて解いてみよう。

例題 1.1 の正規方程式は次のとおりであった。

$$\begin{cases} 5 b_0 + 15 b_1 = 18 \\ 15 b_0 + 55 b_1 = 59 \end{cases}$$

これを A を係数行列, B を b_0, b_1 をまとめたベクトルとして,

$$A \ \middle| \ I \ \middle| \ B$$

の形に入れると次のようになる。

	5	15	1	0	18	①
	15	55	0	1	59	②
①/5	1	3	1/5	0	18/5	③
②−①×5	0	10	−3	1	5	④
③−⑥×3	1	0	11/10	−3/10	21/10	⑤
④/10	0	1	−3/10	1/10	1/2	⑥

これは元の正規方程式の係数を行列の形で表し，その間に単位行列 I を入れたものである。ここでガウス・ジョーダン法の単純な操作を行い，元は A があったところに単位行列が来るようにすると，I があったところに A の逆行列ができるのである。つまり，

$$
AA^{-1} = \begin{bmatrix} 5 & 15 \\ 15 & 55 \end{bmatrix} \begin{bmatrix} 11/10 & -3/10 \\ -3/10 & 1/10 \end{bmatrix}
$$

$$
= \frac{1}{10} \begin{bmatrix} 5 \times 11 + 15 \times (-3) & 5 \times (-3) + 15 \times 1 \\ 15 \times 11 + 55 \times (-3) & 15 \times (-3) + 55 \times 1 \end{bmatrix}
$$

$$
= \frac{1}{10} \begin{bmatrix} 55 - 45 & -15 + 15 \\ 165 - 165 & -45 + 55 \end{bmatrix}
$$

$$
= \begin{bmatrix} 1 & 0 \\ 0 & 1 \end{bmatrix}
$$

はじめに単位行列のあったところに最後に導かれた行列は，A の逆行列であることがわかる。すなわち

$$
AA^{-1} = I
$$

なお元の正規方程式の右辺に A の逆関数 A^{-1} を掛けると連立方程式の解が求まる。つまり，

$$
\begin{bmatrix} 11/10 & -3/10 \\ -3/10 & 1/10 \end{bmatrix} \begin{bmatrix} 18 \\ 59 \end{bmatrix} = \begin{bmatrix} (198 - 177)/10 \\ (-54 + 59)/10 \end{bmatrix}
$$

$$
= \begin{bmatrix} 2.1 \\ 0.5 \end{bmatrix}
$$

これはまさに第 1 章の例題 1.1 で得た $\hat{Y} = 2.1 + 0.5X$ における係数 b_0, b_1 そのものである。

5.2 説明変数が 1 つのときの回帰分析

引き続き，例題 5.1（例題 1.1）を行列を用いて解いてみよう。

まず正規方程式が前述の最小二乗法から次のように与えられているとき，

$$\begin{cases} \sum Y_i = nb_0 + b_1 \sum X_i \cdots\cdots\cdots\cdots\cdots\cdots① \\ \sum X_i Y_i = b_0 \sum X_i + b_1 \sum X_i^2 \cdots\cdots\cdots\cdots② \end{cases}$$

これらの連立方程式を行列を用いて表すと次のようになる。

$$\left[\begin{array}{c} \sum Y_i \\ \sum X_i Y_i \end{array} \right] = \left[\begin{array}{cc} n & \sum X_i \\ \sum X_i & \sum X_i^2 \end{array} \right] \left[\begin{array}{c} b_0 \\ b_1 \end{array} \right] \cdots\cdots\cdots③$$

この式は $Y = \boldsymbol{b}X$ に対して，次のように表すことができる。

$$X'Y = (X'X)\boldsymbol{b}$$

この式を少々書き換えると

$$\boldsymbol{b} = (X'X)^{-1}(X'Y) \tag{5.3}$$

となる。

ここで，具体的にどのような計算が行われたかを以下に示す。

$$X'Y = \left[\begin{array}{ccccc} 1 & 1 & 1 & 1 & 1 \\ X_{11} & X_{12} & X_{13} & X_{14} & X_{15} \end{array} \right] \left[\begin{array}{c} Y_1 \\ Y_2 \\ Y_3 \\ Y_4 \\ Y_5 \end{array} \right] = \left[\begin{array}{c} \sum Y_i \\ \sum X_i Y_i \end{array} \right],$$

$$\boldsymbol{b} = \left[\begin{array}{c} b_0 \\ b_1 \end{array} \right]$$

$$X'X = \begin{bmatrix} 1 & 1 & 1 & 1 & 1 \\ X_1 & X_2 & X_3 & X_4 & X_5 \end{bmatrix} \begin{bmatrix} 1 & X_1 \\ 1 & X_2 \\ 1 & X_3 \\ 1 & X_4 \\ 1 & X_5 \end{bmatrix} = \begin{bmatrix} n & \sum X_i \\ \sum X_i & \sum X_i^2 \end{bmatrix}$$

よって，次の等式が得られる。

$$\begin{bmatrix} b_0 \\ b_1 \end{bmatrix} = \begin{bmatrix} n & \sum X_i \\ \sum X_i & \sum X_i^2 \end{bmatrix}^{-1} \begin{bmatrix} \sum Y_i \\ \sum X_i Y_i \end{bmatrix} \cdots\cdots④$$

しかしここでの目的は真中の逆行列を求めることである。逆行列の求め方は，いくつかの方法があるようであるが，私の経験では 4.8 節のガウス・ジョーダン法が一番簡単に思える。ただし，手計算でできるのは説明変数が 3 つ，つまり 3×3 行列までのようである。

式 (5.3) は行列の大きさの如何にかかわらず用いられる式である。その意味で非常にパワフルな式であるが，抽象度が少々高いので，ただコンピュータに数字を打ち込んで，既成のソフトウエアを使って答えを出すのではなく，少なくとも一度は実際に手計算で導出した答えと突き合わせて，どの数字が行列のどこにつながっているかを見る必要がある。

一般に多変量解析では，回帰線の説明変数が従属変数の変動をモデル全体としてよく説明しているかどうかを分析するために ANOVA テーブルを使う。ここでは，単回帰分析と同じく説明変数が 1 つなので，b_1 について t テストをするのが一般的であるが，説明変数の数が多くなるとその重要性は増してくるの

表 5.2　ANOVA テーブル

分散の要因	平方和	自由度	分散	F 比率
回帰線	$\mathrm{SS_{Reg}} = b_1 \sum x_i y_i$	k	$\mathrm{MS_{Reg}} = \frac{\mathrm{SS_{Reg}}}{k}$	$F = \frac{\mathrm{MS_{Reg}}}{\mathrm{MS_{Res}}}$
残差	$\mathrm{SS_{Res}} = \sum y_i^2 - b_1 \sum x_i y_i$	$n-k-1$	$\mathrm{MS_{Res}} = \frac{\mathrm{SS_{Res}}}{n-k-1}$	
合計	$\mathrm{SS_T} = \sum y_i^2$	$n-1$		

で，あえてここでは一般の ANOVA を示す。

5.3 説明変数が**2つ**あるときの回帰分析

	2016	2017	2018	2019	2020
軽量トラックの登録台数 (Y)	4	3	5	7	6
価格調整後の可処分所得 (X_1)	3	4	5	6	7
企業の税引き後利益 (X_2)	3	2	2	4	4

（単位：Y：100 万台，X_1, X_2：10 億ドル）

我々はこのデータに最もよく適合した，次のような回帰線を行列を用いて決定しようとしている。

$$Y = b_0 + b_1 X_1 + b_2 X_2$$

すでに得られている数値は表 5.3（表 3.1）のようにまとめられている。

表 5.3 （表 3.1 再掲）

(1)	(2)	(3)	(4) $y = Y - \bar{Y}$	(5) $x_1 = X_1 - \bar{X}_1$	(6) $x_2 = X_2 - \bar{X}_2$	(7)	(8)	(9)	(10)	(11)
Y	X_1	X_2				$x_1 y$	$x_2 y$	x_1^2	x_2^2	$x_1 x_2$
4	3	3	-1	-2	0	2	0	4	0	0
3	4	2	-2	-1	-1	2	2	1	1	1
5	5	2	0	0	-1	0	0	0	1	0
7	6	4	2	1	1	2	2	1	1	1
6	7	4	1	2	1	2	1	4	1	2
25	25	15	0	0	0	8	5	10	4	4

(12) y^2	(13) $\hat{Y}$	(14) $Y - \hat{Y}$	(15) $(Y - \hat{Y})^2$	(16) $(\hat{Y} - \bar{Y})^2$
1	4	0	0	1
4	15/4	$-3/4$	9/16	25/16
0	17/4	3/4	9/16	6/16
4	25/4	3/4	9/16	25/16
1	27/4	$-3/4$	9/16	49/16
10		0	9/4	31/4

$\bar{Y} = 5, \bar{X}_1 = 5, \bar{X}_2 = 3$

説明変数が 2 つあるときの回帰線の方程式は

$$X'Y = (X'X)\boldsymbol{b}$$
$$(X'X)^{-1}(X'Y) = (X'X)^{-1}(X'X)\boldsymbol{b}$$
$$(X'X)^{-1}(X'Y) = I\boldsymbol{b}$$
$$\therefore \quad \boldsymbol{b} = (X'X)^{-1}(X'Y) \quad \cdots\cdots\cdots\cdots\cdots ⑤$$

回帰式を解くということは ⑤ を得るということとほとんど同義である。しかしながら $\hat{Y} = b_0 + b_1 X_1 + b_2 X_2$ には 3 つの係数があり，その全部を得るためには 3×3 の行列式を解かねばならず，計算は少々大変である。したがって，第 3 章と同じく，中心化したデータを用いる。つまり $y = b_1 x_1 + b_2 x_2$ における b_1 と b_2 を得ることによって，二つのパラメータ（β_1，β_2）を推定する。

そこで第 3 章で学んだように中心化した正規方程式を用いると，次のようになる。

$$\begin{cases} b_1 \sum x_1^2 + b_2 \sum x_1 x_2 = \sum x_1 y & (3.9) \\ b_1 \sum x_1 x_2 + b_2 \sum x_2^2 = \sum x_2 y & (3.10) \end{cases}$$

これを行列を使って書き換えると，次のようになる。

$$\begin{bmatrix} \sum x_1^2 + \sum x_1 x_2 \\ \sum x_1 x_2 + \sum x_2^2 \end{bmatrix} \begin{bmatrix} b_1 \\ b_2 \end{bmatrix} = \begin{bmatrix} \sum x_1 y \\ \sum x_2 y \end{bmatrix}$$

これをさらに書き換えると

$$(X'X)\boldsymbol{b} = X'Y \quad \cdots\cdots\cdots\cdots\cdots ⑥$$

となる。しかし，ここから次の式に変形しなければ，$\boldsymbol{b}$ の値は求められない。つまり

$$\boldsymbol{b} = (X'X)^{-1}(X'Y) \quad \cdots\cdots\cdots\cdots\cdots ⑦$$

という等式を得るということは，$(X'X)$ から $(X'X)^{-1}$ を求めるということであり，ガウス・ジョーダン法で $(X'X)$ の逆関数を求めなければ解くことがで

きない。そこで第 3 章の例題 3.1 を用いてもう一度ガウス・ジョーダン法を示そう。ここではその計算に必要な値は表 5.3 にまとめてあるので，それを用いながら読んでいただきたい。

はじめに，ガウス・ジョーダン法のモデルは次のようであった。

$$A \mid I \mid B$$

表 5.3 の数値を上記の式にあてはめると，

	10	4	1	0	8	①
	4	4	0	1	5	②
① /10	1	4/10	1/10	0	8/10	③
② $-$③ $\times 4$	0	12/5	$-2/5$	1	9/5	④
③ $-$⑥ $\times 4/10$	1	0	1/6	$-1/6$	1/2	⑤
④ /12/5	0	1	$-1/6$	5/12	3/4	⑥

ここではじめに A の場所にあった行列式と，最初の I の場所に導出された最終の行列を掛け合わせると単位行列になり，I の場所の最終行列は間違いなく A の逆関数であることがわかる。

$$\begin{bmatrix} 10 & 4 \\ 4 & 4 \end{bmatrix} \begin{bmatrix} 1/6 & -1/6 \\ -1/6 & 5/12 \end{bmatrix} = \begin{bmatrix} 10/4-4/6 & -10/6+20/12 \\ 4/6-4/6 & -4/6+20/12 \end{bmatrix}$$

$$= \begin{bmatrix} 1 & 0 \\ 0 & 1 \end{bmatrix}$$

(3.9), (3.10) に表 5.3 の数値をあてはめると，

$$10b_1 + 4b_2 = 8$$
$$4b_1 + 4b_2 = 5$$

が得られる。これを行列で表すと

$$\begin{bmatrix} 10 & 4 \\ 4 & 4 \end{bmatrix} \begin{bmatrix} b_1 \\ b_2 \end{bmatrix} = \begin{bmatrix} 8 \\ 5 \end{bmatrix}$$

$$(X'X)\boldsymbol{b} = (X'Y)$$

次に b_1 と b_2 を求める。それには両辺に $(X'X)^{-1}$ を掛ける。

$$(X'X)^{-1}(X'X)\boldsymbol{b} = (X'X)^{-1}(X'Y)$$

最初の 2 つの行列は単位行列 I になるので次のようになる。

$$I\boldsymbol{b} = (X'X)^{-1}(X'Y)$$

すなわち次のようになる。

$$\boldsymbol{b} = (X'X)^{-1}(X'Y)$$

右辺の $(X'X)^{-1}$ はガウス・ジョーダンの最終表から数字が得られるので

$$(X'X)^{-1} = \left[\begin{array}{cc} 1/6 & -1/6 \\ -1/6 & 5/12 \end{array} \right]$$

右辺の数字から次のように得られるので

$$X'Y = \left[\begin{array}{c} 8 \\ 5 \end{array} \right]$$

つまり

$$\boldsymbol{b} = (X'X)^{-1}(X'Y)$$

$$(X'X)^{-1}(X'Y) = \left[\begin{array}{cc} 1/6 & -1/6 \\ -1/6 & 5/12 \end{array} \right] \left[\begin{array}{c} 8 \\ 5 \end{array} \right] = \left[\begin{array}{c} 1/2 \\ 3/4 \end{array} \right] = \left[\begin{array}{c} b_1 \\ b_2 \end{array} \right]$$

　逆行列を元の連立方程式の右辺に掛けると，この連立法程式の解答が得られるのである。すなわち，

$$\hat{y} = \frac{1}{2}x_1 + \frac{3}{4}x_2$$

となる。

ここで ANOVA テーブルを行列を用いて表現すると次のようになる。

表 5.4 ANOVA テーブル

分散の要因	平方和	自由度	分散	F 比率
回帰線	$\mathrm{SS_{Reg}} = \boldsymbol{b}'X'Y$	k	$\mathrm{MS_{Reg}} = \frac{\mathrm{SS_{Reg}}}{k}$	$F = \frac{\mathrm{MS_{Reg}}}{\mathrm{MS_{Res}}}$
残差	$\mathrm{SS_{Res}} = Y'Y - \boldsymbol{b}'X'Y$	$n-k-1$	$\mathrm{MS_{Res}} = \frac{\mathrm{SS_{Res}}}{n-k-1}$	
合計	$\mathrm{SS_T} = Y'Y$	$n-1$		

■ まとめ

中心化したデータの正規方程式は次のように得られている。

$$
\begin{cases}
b_1 \sum x_1^2 + b_2 \sum x_1 x_2^2 = \sum x_1 y \\
b_1 \sum x_1 x_2 + b_2 \sum x_2^2 = \sum x_2 y
\end{cases}
$$

ここで，この方程式は個々のデータに分解すると次のようになる。

$$
X'X = \begin{bmatrix} x_{11} & x_{12} & x_{13} & x_{14} & x_{15} \\ x_{21} & x_{22} & x_{23} & x_{24} & x_{25} \end{bmatrix}
\begin{bmatrix} x_{11} & x_{21} \\ x_{12} & x_{22} \\ x_{13} & x_{23} \\ x_{14} & x_{24} \\ x_{15} & x_{25} \end{bmatrix}
$$

$$
= \begin{bmatrix} \sum x_{1i}^2 & \sum x_{1i}x_{2i} \\ \sum x_{2i}x_{1i} & \sum x_{2i}^2 \end{bmatrix}
$$

$$
X'Y = \begin{bmatrix} x_{11} & x_{12} & x_{13} & x_{14} & x_{15} \\ x_{21} & x_{22} & x_{23} & x_{24} & x_{25} \end{bmatrix}
\begin{bmatrix} y_1 \\ y_2 \\ y_3 \\ y_4 \\ y_5 \end{bmatrix}
$$

$$
= \begin{bmatrix} x_{11}y_1 + x_{12}y_2 + x_{13}y_3 + x_{14}y_4 + x_{15}y_5 \\ x_{21}y_2 + x_{22}y_2 + x_{23}y_3 + x_{24}y_4 + x_{25}y_5 \end{bmatrix}
$$

$$= \begin{bmatrix} \sum x_1 y \\ \sum x_2 y \end{bmatrix}$$

$$\boldsymbol{b}' X' Y = [b_1 \quad b_2]' \begin{bmatrix} \sum x_1 y \\ \sum x_2 y \end{bmatrix} = b_1 \sum x_1 y + b_2 \sum x_2 y$$

$$= \frac{1}{2} \times 8 + \frac{3}{4} \times 5 = \frac{31}{4}$$

$$Y' Y = \sum y_i^2 = y_1^2 + y_2^2 + y_3^2 + y_4^2 + y_5^2 = 10$$

ここで $y'y - \boldsymbol{b}'\boldsymbol{x}'y$ は残差となり，これらの数字を ANOVA テーブルに入れると表 5.5 になる。

表 5.5 　（表 3.3 と同じ）

分散の要因	平方和	自由度	分散	F 比率
回帰線	31/4	2	31/8 = 3.875	31/9 = 3.445
残差	9/4	2	9/8 = 1.125	
合計	10	4		

また，ANOVA テーブルとこのテーブルから

$$r^2 = \frac{\boldsymbol{b}' X' Y'}{Y' Y} = \frac{31/4}{10} = \frac{31}{40} = 0.775$$

これは決定係数であり，その平方根である $r = 0.880$ が相関係数である。したがって，回帰分析のほとんどすべての重要な指数は，行列から得られた ANOVA を分析することから得られる。表 5.5 は表 3.3 で得られたものと同じになる。

5.4 　説明変数が 2 つ以上ある場合

例 1

　宣伝活動として，テレビ，新聞，ラジオ，インターネットの 4 つのメディアに同じ金額の広告費を投入したと仮定する。ここで売上増加にどのメディアが効果的かを調べたい。

宣伝活動と売上増加率 %

宣伝回数	テレビ	新聞	ラジオ	インターネット	売上増加率
1	40	33	32	50	30
2	30	35	32	41	10
3	43	34	34	45	28
4	39	37	34	38	15
5	41	31	33	47	20
6	45	36	31	42	21
7	38	30	30	48	12
8	43	29	37	52	31
9	46	38	29	46	35
10	47	28	31	49	32

メディア各種における宣伝効果についての重回帰分析のコンピューターの計算結果

問題は，説明変数が4つあり，4 × 4行列の逆行列を求めなければならず，計算がなかなか大変である。したがって回帰線を求めるためソフトウェアに頼ることになる。

以前はエクセルで十分に多変量解析ができたと思う[注]のだが，今，私が使っている19年版ではその機能はなくなっているようである。そこで，この本では株式会社エスミによる「EXCEL 多変量解析」というアドインソフトを使っている。このソフトはインターネットで手に入る。丁寧な手引きもついているので，かなり簡単に始められる。これをコンピューターに取り入れ，解析したいデータをエクセルに読み込む。エクセルの一番上のリボンの中に「エクセル多変量解析」が出てくるので，そこをマウスでクリックすると，「多変量解析」のプルダウンメニューが出てくる。それをまたクリックすると，重回帰分析や次の章で使用する主成分分析，因子分析，クラスター分析などが表示されるので，必要な分析を選択する。そうするとダイアログボックスが出てくるので，必要な項目を入力する。いろいろな聞きなれない用語が出てきて戸惑うかもしれないが，最初の段階ではデータの範囲とデータをいくつに分類したいかなどという基本的なことを入力してみて，どういう結果が出るかを見てみるとよい。ほとんどの場合それで十分であり，それ以外の項目はあまり結果に影響はないと

注) Excel の「データ」→「データ分析」の中に回帰分析の項目があり，「入力 X 範囲」に複数の変数を選択すれば重回帰分析は実行できる。

思ってよい。下記はコンピューターによる重回帰分析の計算結果である。

基本統計量　　　　　　　n=10

	合計	平均	標準偏差
テレビ	412	41.2	4.939636
新聞	331	33.1	3.478505
ラジオ	323	32.3	2.311805
インターネット	458	45.8	4.366539
売上増加率	234	23.4	8.996296

相関行列

	テレビ	新聞	ラジオ	インターネット	売上増加率
テレビ	1	-0.131	-0.093	0.378	0.791
新聞	-0.131	1	-0.267	-0.745	-0.133
ラジオ	-0.093	-0.267	1	0.117	0.047
インターネット	0.378	-0.745	0.117	1	0.596
売上増加率	0.791	-0.133	0.047	0.596	1

分析精度

決定係数	0.859
自由度修正済み	0.746
ダーヴィンワト	0.641
残差の標準偏差	4.533

分散分析表

変動	偏差平方和	自由度	不偏分散	分散比	p 値	判定
全体変動	728.4	9				
回帰による変動	625.6506	4	156.4126	7.611363	0.024	[*]
回帰からの残差	102.7494	5	20.54989			

重回帰式

	偏回帰係数	標準偏回帰係数	F 値	p 値	判定	標準誤差	VIF
テレビ	1.067	0.586	9.724	0.026	[*]	0.342	1.25
新聞	1.463	0.566	4.463	0.088	[ ]	0.692	2.54
ラジオ	0.630	0.162	0.842	0.401	[ ]	0.686	1.10
インターネット	1.601	0.777	7.767	0.039	[*]	0.574	2.76
定数項	-162.632		9.562	0.027	[*]	52.592	

　まず，分散分析表（ANOVA テーブル）から F 値（分散比）が 7.61 で $F_{c, \alpha=0.05, \phi_1=4, \phi_2=5} = 5.19$ であるから，このモデルは 95% の確率で有意なモデルといえる。また，決定係数の 0.859 からも回帰線全体として売り上げ増加率の全ばらつきのうち 85.9% がこのモデルで説明できることがわかる。

　つぎに，「重回帰式」の表から，個々の説明変数（独立変数）の偏回帰係数に目を向けてみる。偏回帰係数とは，これまでに学んできた t 値と同じ意味であ

る。F 値がモデル全体の説明力を表すのに対して，偏回帰係数は個々の説明変数の重要度を表す。テレビ (b_1)，新聞 (b_2)，ラジオ (b_3)，インターネット (b_4) とすると，$t(b_4) = 1.601$ でインターネットが一番宣伝効果があるのがわかる。その次に t 値が高いのは新聞で $t(b_2) = 1.464$ となっており，かなり売上増加に貢献していることがわかる。そして 3 番目はテレビで，$t(b_1) = 1.067$ となっており，それなりの効果があることが読みとれる。

このように回帰分析に必要な主な情報はコンピューターの計算結果から得られる。そのため，本章以降は第 3 章のような詳細な分析は行わない。そのほかの詳しい情報は第 3 章とともに参照していただきたい。

例 2

次に第 2 の例としてマクロ経済のデータを扱う。国内総生産 (GDP) は政府の諸々の政策の影響を受けることが考えられる。ここでは次のような項目，財政投融資 (X_1)，農業経済費 (X_2)，教育文化費 (X_3)，日銀券発行高 (X_4) が GDP に影響を与えると仮定してみよう。

	国内総生産	財政投融資	農業経済費	教育文化費	日銀券発行高
1990	437	37.8	4	5.4	39.7
1991	468	49.5	4.1	5.5	39.8
1992	480	48	3.1	5.8	39
1993	483	55.4	3.5	6.3	41.6
1994	487	50.3	3.2	5.8	42.8
1995	492	52.9	5	6.5	46.2
1996	506	50.8	3.3	6.3	50.6
1997	517	57.2	3.2	6.2	54.6
1998	511	65.6	4.9	7	55.8
1999	504	45.8	4	6.6	65.4
2000	507	38.6	4.1	6.7	63.3
2001	499	24.2	4	6.4	69
2002	492	19.6	5.4	6.4	75.4
2003	494	19	3.2	6.1	76.9

(単位：兆円)

そこでこれを回帰分析として捉え，それぞれの政策費用が GDP の増減に与える影響を分析してみた。

概要

回帰統計	
重相関R	0.928698
重決定R2	0.862481
補正R2	0.801361
標準誤差	9.122493
観測数	14

分散分析表

	自由度	変動	分散	観測された分散比	有意F
回帰	4	4697.378	1174.345	14.1113464	0.000647
残差	9	748.9789	83.21988		
合計	13	5446.357			

説明変数の係数分析表

	係数	標準誤差	t	p 値	下限95%	上限95%
切片	301.3028	38.65431	7.794805	2.72251E-05	213.8607	388.7449
財政投融資(X_1)	0.889258	0.424904	2.092846	0.06587856	-0.07194	1.850457
農業経済費(X_2)	-8.84317	4.013649	-2.20327	0.055045903	-17.9227	0.236338
教育文化費(X_3)	19.27194	12.37706	1.557069	0.15388018	-8.72692	47.27079
日銀券発行高(X_4)	1.212801	0.518204	2.340391	0.043992085	0.040541	2.38506

　まずモデル全体として $F = 14.11$ であり，$\alpha = 0.05$ で F の境界値は $F = 14.11 > F_{c,\alpha=0.05,\phi_1=4,\phi_2=9} = 3.63$ となり，このモデルは有用であろう。また，どの説明変数に説明力があるか，つまり係数が大きいかを見ると，$t(b_4) = 2.34$，つまり日銀券発行高が景気刺激に一番効果があるように見受けられる。その次は，$t(b_1) = 2.09$ である財政投融資が GDP に影響を与えているようである。

　ここで扱っているのは極めて限られたデータであり，必ずしも一般的な情報ではない。ここで示しているのは，回帰分析を用いることによりいろいろな変数間の関係を知ることができるということであり，多くの説明変数を同時に考慮すれば，かなり複雑な関係を見出すことができるということである。

5.5　さまざまな回帰線

　統計学では回帰分析に関してパラメータ（いわゆる推定する係数 b）が加算的につくられたモデルを線形回帰と呼び，そうでないモデルを非線形回帰 (nonlinear regression) と呼ぶ。したがってデータをグラフに描いて，それが曲線だったとしても，それを回帰曲線あるいは非線形回帰線とは見なさない。しかし本書では，その区別をあまり厳格にはしていない。

■ 3 つの代表的な非線形モデル

今まで従属変数と説明変数の関係が直線的な回帰式，つまり加算的な回帰式を取り上げてきたが，ここでは 3 つの典型的な非線形の関数，すなわち 5.5.1 項で 2 次関数，5.5.2 項で指数関数，5.5.3 項で乗算的な関数を取り扱う。これらの関数は実は，対数変換等を用いると線形回帰モデルに帰着するため，統計的には線形モデルの一形態として扱われる。しかしこの章では，その形態から，視覚的に理解しやすいため，非線形モデルと呼ぶ。これらの応用を議論する前に，まずはじめに数式と一般的なグラフの形の関係を知る必要がある。

5.5.1　2 次関数

次のような 2 次関数の式を考えてみよう。

$$Y = X^2 + 2X + 1 = (X + 1)^2 \quad \cdots\cdots\cdots\cdots\cdots\cdots ①$$

$$Y = 2X^2 - 8X + 4 = 2(X - 2)^2 - 4 \quad \cdots\cdots\cdots\cdots ②$$

これらの式は次のようなグラフの形をしている。

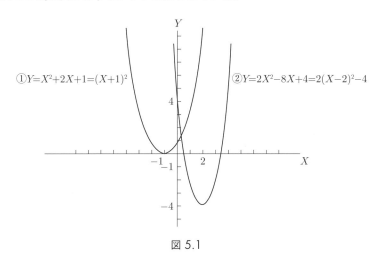

図 5.1

ここで ① では Y 軸の切片が 1 であり，$X = -1$ のとき最小値が 0 で X 軸に接していることに注目しよう。また ② では Y 軸の切片が 4 で $X = 2$ のとき最小値が -4 になることも注目しよう。そのうえ ② の x^2 の係数は ① の係数の 2 倍なので，② の全体的なスロープは ① より急勾配となる。

分析するデータの X と Y との関係が少なくとも現在考慮している範囲において図 5.1 と似ている形であるならば，2 次関数がモデルとして考えられる。たとえば，急速に成長している企業の場合，売上げ販売額が 2 次関数的に伸びていることが考えられる。別の例として，販売員の売上げが経験年数の 2 乗に比例している場合もある。そういう場合はこのモデルを用いることができる。

■ 2 次関数モデル

問題によっては，独立変数と従属変数が次のような 2 次関数の形をしていることがある。

$$Y = \beta_0 + \beta_1 X + \beta_2 X^2 \tag{5.4}$$

これは時系列の場合には時刻 t について，次のように書き換えられる。

$$\hat{Y} = \beta_0 + \beta_1 t + \beta_2 t^2 \tag{5.5}$$

この式を推定値 b_0，b_1，b_2 に置きかえて重回帰分析の式と比較してみよう。重回帰線の方程式 (3.2) は次の通りであった。

$$\hat{Y} = b_0 + b_1 X_1 + b_2 X_2 \tag{3.2 再掲}$$

式 (3.2) の X_1 と X_2 を t と t^2 で置き換えると式 (5.5) が得られる。したがって式 (3.2) に用いられたのと同じ公式が式 (5.5) の回帰分析のすべての計算に適用される。いくつかの基本的な式は次の通り。

$$回帰式 \quad \hat{Y} = b_0 + b_1 t + b_2 t^2 \tag{5.6}$$

時系列の場合に用いられる回帰線の正規方程式は次のようになる。

$$\sum Y = n b_0 + b_1 \sum t + b_2 \sum t^2 \tag{5.7}$$

$$\sum tY = b_0 \sum t + b_1 \sum t^2 + b_2 \sum t^3 \tag{5.8}$$

次の式 (5.9) から回帰線による変動和を決定することができる。

$$\sum (\hat{Y}_i - \bar{Y})^2 = b_1 \sum x_1 y + b_2 \sum x_2 y \tag{5.9}$$

$x_1 = t$ および $x_2 = t^2$ とおくと

$$\sum (\hat{Y} - \bar{Y})^2 = b_1 \sum ty + b_2 \sum t^2 y \tag{5.10}$$

となる。回帰線における Y のばらつきは，回帰線によって説明される部分と説明されない部分に分けられる。

$$\sum (Y_i - \bar{Y})^2 = \sum (Y_i - \hat{Y}_i)^2 + \sum (\hat{Y}_i - \bar{Y})^2 \tag{5.11}$$

右側の説明されない部分を左側に移項して全分散を右に移項すると，

$$\sum (Y_i - \hat{Y}_i)^2 = \sum (Y_i - \bar{Y})^2 - \sum (\hat{Y}_i - \bar{Y})^2 \tag{5.12}$$

$$= \sum y^2 - b_1 \sum ty - b_2 \sum t^2 y \tag{5.13}$$

つまり残差は Y の全分散から回帰線によって説明された部分を除いた部分である。

式 (5.13) から，ANOVA における残差を決定することができる。

例題 5.3

次のようなデータが与えられ，Y は T に関する 2 次関数モデルであると考えられているとき，

年	(T)	2014	2015	2016	2017	2018
売上	(Y)	4	2	4	6	9

(単位：億円)

(a) 散布図を描きなさい。

(b) 2 次関数の回帰式を書きなさい。すなわち $Y = b_0 + b_1 t + b_2 t^2$ における b_0, b_1, b_2 を決定しなさい。

(c) (a) の図に2次曲線を描きなさい。

(d) 2019年における売上の値を予測しなさい。

(e) 帰無仮説および対立仮説を述べなさい。

(f) ANOVA テーブルを作成しなさい。

(g) 標準誤差を計算しなさい。

(h) 決定係数および相関係数を計算しなさい。

(i) 有意水準 $a = 0.05$ で仮説を検証しなさい。

[解答]

(a) 散布図は図5.2に示される通りである。直線的な回帰線は明らかにこの場合に適合しない。散布図を見て，どういうモデルが最適かを決定する。この場合は2次関数になるであろう。

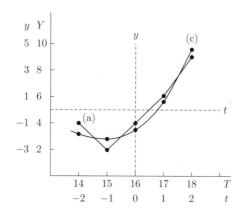

図 5.2　(a) および (c) の回答

(b) 2次関数モデルの分析には，表5.6のような計算表を作成するのが便利である。

表 5.6

| (1) | (2) | (3) | (4) | (5) | (6) | (7) | (8) | (9) | (10) |
T	Y	t	y	t^2	t^3	t^4	ty	t^2y	y^2
2014	4	-2	-1	4	-8	16	2	-4	1
2015	2	-1	-3	1	-1	1	3	-3	9
2016	4	0	-1	0	0	0	0	0	1
2017	6	1	1	1	1	1	1	1	1
2018	9	2	4	4	8	16	8	16	16
		0	0	10	0	34	14	10	28

$\bar{T} = 2016$, $\bar{Y} = 5$

計算を簡単にするために両変数とも中心化する。すなわち $t = T - \bar{T}$ および $y = Y - \bar{Y}$ であることに注意。

表 5.6 および式 (5.7)，(5.8)，(5.9) から

$$
\begin{cases}
0 = 5b_0 + 0b_1 + 10b_2 & \cdots\cdots\cdots\cdots\cdots① \\
14 = 0b_0 + 10b_1 + 0b_2 & \cdots\cdots\cdots\cdots② \\
10 = 10b_0 + 0b_1 + 34b_2 & \cdots\cdots\cdots\cdots③
\end{cases}
$$

この連立方程式を解くと，$b_0 = -\dfrac{10}{7}$，$b_1 = \dfrac{7}{5}$，$b_2 = \dfrac{5}{7}$ となる。よって中心化した t 軸を用いた回帰線は

$$
\hat{y} = -\frac{10}{7} + \frac{7}{5}t + \frac{5}{7}t^2 \cdots\cdots\cdots\cdots\cdots④
$$

2 次関数の式では，中心化しても $b_0 = 0$ にならないことに注意してほしい（図 5.2 を参照）。しかしながら，年号をそのまま使うと，2016 や 2017 のような大きな数字を扱うことになり，計算が大変なだけでなく，計算表が複雑になり，全体観がつかみにくくなる。中心化するメリットは大きい。

したがって，$y = Y - \bar{Y} = Y - 5$ なので，元の尺度により回帰線は次のようになる。

$$
\hat{Y} = \frac{25}{7} + \frac{7}{5}t + \frac{5}{7}t^2 \cdots\cdots\cdots\cdots\cdots⑤
$$

(c) ⑤ および中心化した t 軸では

$$t = -2 \text{ のとき,} \quad \hat{Y} = \frac{25}{7} + \frac{7}{5} \times (-2) + \frac{5}{7} \times (-2)^2 = \frac{45}{7} - \frac{14}{5}$$
$$= 3.6285$$

$$t = -1 \text{ のとき,} \quad \hat{Y} = 2.8857$$

$$t = 0 \text{ のとき,} \quad \hat{Y} = \frac{25}{7} = 3.5714$$

$$t = 1 \text{ のとき,} \quad \hat{Y} = 5.6857$$

$$t = 2 \text{ のとき,} \quad \hat{Y} = 9.2285$$

　これらの数値は図 5.2 にプロットしてある。これらの点をつなぐとスムーズな曲線となる。

(d) 中心化した t 軸では $T = 2019$ は $t = 3$ となるので次のように導かれる。

$$\hat{Y} = \frac{25}{7} + \frac{7}{5} \times 3 + \frac{5}{7} \times 3^2$$
$$= 14.2$$

よって 14.2 億円。

(e) 仮説は 3.2 節と同様に次のようになる。

　　　　帰無仮説　　$H_0 : b_1 = b_2 = 0$
　　　　対立仮説　　$H_1 : b_1$ と b_2 の少なくとも一方は 0 ではない

(f) 式 (5.10) および 表 5.4 から,回帰線による平方和は

$$\sum (\hat{Y}_i - \bar{Y})^2 = b_1 \sum ty + b_2 \sum t^2 y$$
$$= \frac{7}{5} \times 14 + \frac{5}{7} \times 10 = \frac{98}{5} + \frac{50}{7} = 19.6 + 7.1428$$
$$= 26.7428 \quad \cdots\cdots\cdots\cdots\cdots\cdots\cdots\cdots ⑥$$

式 (5.12) および 表 5.7 と ⑥ から,残差の平方和は

表 5.7 ANOVA テーブル

分散の要因	平方和	自由度	分散	F 比率
回帰線	$\sum(\hat{Y}_i - \bar{Y})^2 = 26.7428$	$k = 2$	13.371	$F = 21.257$
残差	$\sum(Y_i - \hat{Y}_i)^2 = 1.2572$	$n - k - 1 = 2$	0.629	
合計	$\sum(Y_i - \bar{Y})^2 = 28$	$n - 1 = 4$		

$$\sum(Y_i - \hat{Y}_i)^2 = \sum(Y_i - \bar{Y})^2 - \sum(\hat{Y}_i - \bar{Y})^2$$
$$= 28 - 26.7428 = 1.2572$$

(g) 標準誤差は ANOVA テーブルより次のようになる。

$$\mathrm{Se} = \sqrt{\frac{\sum(Y_i - \hat{Y}_i)^2}{n - k - 1}} = \sqrt{\frac{1.2572}{2}} = 0.793$$

(h) 決定係数と相関係数は ANOVA テーブルより次のように求められる。

$$r^2 = \frac{\sum(\hat{Y}_i - \bar{Y})^2}{\sum(Y_i - \bar{Y})^2} = \frac{26.7428}{28} = 0.955$$
$$r = 0.977$$

(i) $\alpha = 0.05$ のとき，F の境界値は

$$F_{c, \alpha=0.05, \phi_1=2, \phi_2=2} = 19.00$$

ANOVA テーブルから F の計算値は 21.257 であるから

$$F_c = 19.00 < F = 21.257$$

計算された F 値は F の境界値を超えているので，このモデルは Y の全体のばらつきのなかで回帰線が説明に貢献していることを示している。また標準誤差も十分に小さいので，帰無仮説は棄却され，対立仮説が支持される。

5.5.2 指数関数

指数関数モデルは次のように表される。

$$Y = \alpha e^{\beta t} \varepsilon \tag{5.4}$$

これはユニバースに関するモデルである。2.5 節で説明した通り，一般にユニバースに関するモデルはギリシャ文字で表される。これが実際にサンプルデータに関するモデルを表すときにはローマ字を用いる習慣になっている。

このモデルを図に表すと図 5.3 のようになる。このような回帰分析では α は Y 切片を表し，β は成長率を表す。α と β を調節しさえすればこのモデルは GNP や株価や生産額当たりの労働コスト等の非常に多くの経済時系列データに驚くほどよく適応する。

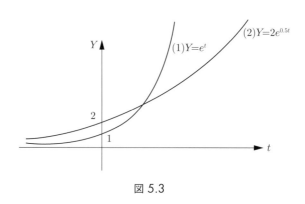

図 5.3

(1) $Y = e^t$

t	-4	-3	-2	-1	0	1	2	3	4
Y	0.02	0.05	0.14	0.37	1	2.7	7.4	20.0	54.6

(2) $Y = 2e^{0.5t}$

T	-4	-3	-2	-1	0	1	2	3	4
Y	0.28	0.4	0.75	1.2	2	3.3	5.4	9.0	14.8

注：e はネイピア数を表し，約 2.7182818 である。

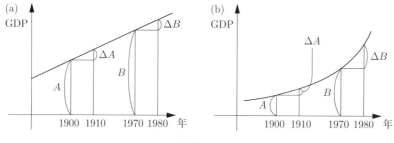

図 5.4

指数関数モデルについて，図 5.4 を見ながら考えてみよう。図 5.4(a) で示されているのは線形モデルであり，成長の額が一定の場合である。つまり $\Delta A = \Delta B$ であるが，成長率は減少している。すなわち $\dfrac{\Delta A}{A} > \dfrac{\Delta B}{B}$ である。これに対して，図 5.4(b) では $\Delta A < \Delta B$ であり，成長の額は一定ではないが，$\dfrac{\Delta A}{A} = \dfrac{\Delta B}{B}$ になっているのである。

そこで，回帰線を適用する前に，いわば線形化する必要がある。つまりここでは対数変換を用いて変形すると式 (5.14) は次のようになる。

$$\ln Y = \ln \alpha + \beta t + \ln \varepsilon \tag{5.5}$$

しかし，このモデルを実際に解く場合はデータを取って正規方程式にあてはめることになるのですべてのギリシャ文字はローマ字になる。また $\ln$ は自然対数，つまり底を e とした対数を表している。

そこで正規方程式は次のようになる。

$$\begin{cases} \sum \ln Y = n \ln A + b \sum t & \tag{5.6} \\ \sum t \ln Y = \ln A \sum t + b \sum t^2 & \tag{5.7} \end{cases}$$

中心化したデータの場合，ショートカットの式は次のようになる。

$$\mathrm{SS_{reg}} = \sum (\hat{Y}_i - \bar{Y})^2 = b \sum (T - \bar{T})(\ln Y - \ln \bar{Y}) = b \sum ty$$

$$\mathrm{SS_{res}} = \sum (\ln Y_i - \ln \hat{Y}_i)^2 = \sum y^2 - b \sum ty$$

$$\mathrm{SS_T} = \sum (\ln Y_i - \ln \bar{Y}_i)^2 = \sum y^2$$

仮説は次のようになる。

$$帰無仮説\ H_0 : \beta = 0$$
$$対立仮説\ H_1 : \beta \neq 0$$

次のようなデータが与えられ，Y は T に関する指数関数モデルであると考えられているとき，

年	(T)	2018	2019	2020	2021	2022
売上額	(Y)	1	2	4	8	16

（単位：億円）

(a) 散布図を描きなさい。

(b) 指数関数の回帰線の式を得なさい。すなわち $Y = Ae^{bt}$ における A と b を決定しなさい。ただし，T は中心化し，t に置きかえること。

(c) (a) の図に指数関数の曲線を描きなさい。

(d) 2023 年の売上予測はいくらか。

(e) 帰無仮説および対立仮説を述べなさい。

(f) ANOVA テーブルを作成しなさい。

(g) 標準誤差を計算しなさい。

(h) 決定係数および相関係数を計算しなさい。

(i) 有意水準 $\alpha = 0.05$ で仮説を検定しなさい。

解答

(a) 図 5.5 のようになる。

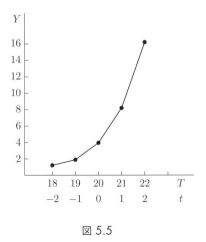

図 5.5

　図 5.5 から明らかなように，成長額は時間とともに加速している。表 5.8 の第 2 列および第 3 列から毎年売上が倍になっているのがわかる。つまり成長率 100%ということである。図 5.5 から，モデル $Y = Ae^{bt}\varepsilon$ がデータによくマッチしていることがよくわかる。

(b)

表 5.8

(1) T	(2) Y	(3) Y	(4) t	(5) $\ln Y$	(6) $t\ln Y$	(7) t^2	(8) $y = \ln Y - \overline{\ln Y}$	(9) ty	(10) y^2
2018	1	2^0	-2	0.0000	0	4	-1.38628	2.77256	1.92177
2019	2	2^1	-1	0.6931	-0.6931	1	-0.69318	0.69318	0.48050
2020	4	2^2	0	1.3863	0	0	0	0	0
2021	8	2^3	1	2.0794	2.0794	1	0.69312	0.69312	0.48042
2022	16	2^4	2	2.7726	5.5452	4	1.38632	2.77264	1.92188
			0	6.9314	6.9315	10	0	6.9315	4.80457

$\overline{\ln Y} = 1.38628$

式 (5.16) および (5.17) と表 5.8 から，

$$\begin{cases} 6.9314 = 5\ln A + b \times 0 & \cdots\cdots\cdots\cdots\cdots\cdots\text{①} \\ 6.9315 = (\ln A) \times 0 + b \times 10 & \cdots\cdots\cdots\cdots\cdots\text{②} \end{cases}$$

① から，

$$\ln A = \frac{6.9314}{5} = 1.38628$$

② から，

$$b = \frac{6.9315}{10} = 0.69315$$

$\ln A = 1.38628$ および巻末の自然対数表から，A はおよそ 4 である。

(c) ゆえに $Y = 4e^{0.69315t}$ となる。また $e^{0.69}$ は近似的に 2 であることから

$$t = -2 \text{ のとき，}\quad Y = 4e^{0.69 \times (-2)} \fallingdotseq 4 \times 2^{-2} = 4 \times \frac{1}{4} = 1$$

$$t = -1 \text{ のとき，}\quad Y = 4e^{0.69 \times (-1)} \fallingdotseq 4 \times 2^{-1} = 4 \times \frac{1}{2} = 2$$

$$t = 0 \text{ のとき，}\quad Y = 4e^{0.69 \times 0} \fallingdotseq 4$$

$$t = +1 \text{ のとき，}\quad Y = 4e^{0.69 \times 1} \fallingdotseq 4 \times 2 = 8$$

$$t = +2 \text{ のとき，}\quad Y = 4e^{0.69 \times 2} \fallingdotseq 4 \times 2^2 = 16$$

これらの数値は図 5.5 で観察される数値と同じである。したがって回帰線で得られた指数関数の曲線は，図 5.5 で得られた数値と同じであることがわかる。

(d) 2023 年は $t = 3$ に相当するので t に 3 を代入する。

$$Y = 4e^{0.69 \times 3} \fallingdotseq 4 \times 2^3 = 32$$

つまり，32 億円と予想される。

(e) $Y = Ae^{bt}$ の両辺の対数をとると，

$$\ln Y = \ln A + bt \ln e \tag{5.18}$$

ここで $\ln e = 1$ であり，$y = \ln Y$ および $a = \ln A$ とおくと，

$$y = a + bt \tag{5.19}$$

データが中心化されているならば $y = \ln Y - \overline{\ln Y}$ かつ $t = T - \overline{T}$ となり

$a = 0$ となる。 したがって

$$y = bt \tag{5.20}$$

となる。これより両仮説は次のようになる。

$$\text{帰無仮説 } H_0 : b = 0$$
$$\text{対立仮説 } H_1 : b \neq 0$$

(f)

$$\mathrm{SS_T} = \sum(\ln Y_i - \overline{\ln Y}) = \sum y_i^2 = 4.80457$$
$$\mathrm{SS_{Reg}} = \sum(\widehat{\ln Y_i} - \overline{\ln Y})^2 = b\sum ty = 0.69315 \times 6.9315 = 4.8045691$$
$$\mathrm{SS_{Res}} = \sum(\ln Y_i - \widehat{\ln Y_i})^2 = 0$$

表 5.9 ANOVA テーブル

分散の要因	平方和	自由度	分散	F 比率
回帰線	$\sum(\widehat{\ln Y_i} - \overline{\ln Y})^2 = 4.80457$	$k = 1$	4.80457	∞
残差	$\sum(\ln Y_i - \widehat{\ln Y_i})^2 = 0$	$n - k - 1 = 3$	0	
合計	$\sum(\ln Y_i - \overline{\ln Y})^2 = 4.80457$	$n - 1 = 4$		

(g) 標準誤差は ANOVA テーブルより，次の通りになる。

$$\mathrm{Se} = \sqrt{\frac{\sum(\ln Y_i - \widehat{\ln Y_i})^2}{n - k - 1}} = \sqrt{\frac{0}{3}} = 0$$

(h) 決定係数および相関係数は ANOVA テーブルより，次の通りになる。

$$r^2 = \frac{\sum(\widehat{\ln Y_i} - \overline{\ln Y})^2}{\sum(\ln Y_i - \overline{\ln Y})^2} = \frac{4.80457}{4.80457} = 1, \quad r = +1$$

(i) $\alpha = 0.05$ で自由度が $f_1 = 1$, $f_2 = 3$ のときの F の境界値は

$$F_{c, \alpha=0.05, \phi_1=1, \phi_2=3} = 10.13$$

計算された F 値は ∞（無限大）なので，

$$F = \infty > F_{c,\alpha=0.05,\phi_1=1,\phi_2=3} = 10.13$$

このモデルでは回帰線が Y の分散を完全に（100%）説明している。したがって，このモデルは Y の変動を説明していない（$b = 0$）という帰無仮説は棄却された。つまり，このモデルはデータにマッチした非常によいモデルであることを示している。

5.5.3　乗算的関数

乗算的関数は以下のように表される。

$$Y = \delta X_1^{\alpha} X_2^{\beta} \varepsilon \tag{5.21}$$

ここで，Y は生産額，X_1 は資本，X_2 は労働である。

この関数は 2 次元のグラフでは表すことが困難である。図 5.6 のような上空から山を見下ろしているような状況を想像していただきたい。もしも原点から X_1 方向に進んだとしたら，高度は上がる。同様に X_2 の方向に進んだとしても高度は上がる。しかし，X^* の方向にまっすぐ進んだならば，より早く頂上に到達するであろう。生産関数や消費関数はしばしばこの乗算的関数によって表される。典型的な生産関数は，コブ・ダグラス生産関数である。指数関数の 5.5.2 項でも述べたように，式 (5.21) はユニバースに関するモデルである。したがって未知の係数はギリシャ文字で表してある。

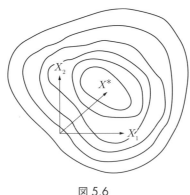

図 5.6

そこで我々は対数変換を行い，通常の回帰線に変換して回帰分析を行おうとしている。対数変換したモデルは次のようになる。

$$\ln Y = \ln \delta + \alpha \ln X_1 + \beta \ln X_2 + \ln \varepsilon \tag{5.22}$$

ここで δ, α, β が加算的な関係になった点に注目していただきたい。つまり推定する未知の係数が足し算の関係になり，これで初めて回帰直線が応用できる。このことを統計学では線形化したという。

ここから，未知の係数をサンプルデータを用いて推定する。そこではじめて正規方程式はローマ字を用いて表されることになる。

得られた正規方程式は以下のとおりである。なお，この正規方程式では係数は全部ギリシャ文字ではなくローマ字に変換されていることに注意されたい。

$$\begin{cases} \sum \ln Y = n \ln D + a \sum \ln X_1 + b \sum \ln X_2 & (5.23) \\[2mm] \begin{aligned} \sum (\ln Y)(\ln X_1) \\ = \ln D \sum \ln X_1 + a \sum (\ln X_1)^2 + b \sum (\ln X_1)(\ln X_2) \end{aligned} & (5.24) \\[2mm] \begin{aligned} \sum (\ln Y)(\ln X_2) \\ = \ln D \sum \ln X_2 + a \sum (\ln X_1)(\ln X_2) + b \sum (\ln X_2)^2 \end{aligned} & (5.25) \end{cases}$$

この正規方程式は一目すると少々複雑に見えるかもしれない。しかし，これらの等式はすでに第 3 章で学んだ $\hat{Y} = b_o + b_1 X_1 + b_2 X_2$ とほとんど同じ式なのである。

たとえば，$\ln Y = y$, $\ln D = d$, $\ln X_1 = x_1$, $\ln X_2 = x_2$ のように変換すると $\hat{y} = d + ax_1 + bx_2$ となる。

これは線形モデルの式であり，標準的な回帰分析の手法が適用される。

回帰方程式は次のようになる。

$$\begin{cases} \sum y = nd + a \sum x_1 + b \sum x_2 & (5.26) \\[2mm] \sum yx_1 = d \sum x_1 + a \sum x_1^2 + b \sum x_1 x_2 & (5.27) \\[2mm] \sum yx_2 = d \sum x_2 + a \sum x_1 x_2 + b \sum x_2^2 & (5.28) \end{cases}$$

これらの等式と第 3 章の正規方程式とを比べてみると，ほとんど同じである

ことがわかる。したがってこれらの連立方程式を解くことによって，d, a, b を決定することができる。そのため，モデル $Y = \delta X_1^\alpha X_2^\beta \varepsilon$ において Y, X_1, X_2 のデータが得られたならば，対数に変換することにより，回帰分析の計算は通常の線形回帰分析とほとんど同じになる。しかしながら，対数変換した数字は，たとえ元の数字がいわゆる扱いやすいきれいな数字であっても変換した数字は扱いにくい数字となる。したがって，ほとんど常にコンピューターを用いて計算せざるを得ない。

なお中心化したデータを用いると，正規方程式は次のようになる。

$$
\begin{cases}
\sum yx_1 = a \sum x_1^2 + b \sum x_1 x_2 & (5.29) \\
\sum yx_2 = a \sum x_1 x_2 + b \sum x_2^2 & (5.30)
\end{cases}
$$

コンピューターを使って計算すると次の例題 5.5 のようになる。

例題 5.5

モデル $Y = D X_1^a X_2^b e$ における Y 値（生産額）が X_1（労働の投入額）および X_2（資本の投入額）の関数であるような生産関数が与えられていて，次の時系列データがあるとき，以下の問に答えなさい。

t	X_1	X_2	Y
1	1	2	1.4
2	3	8	8.4
3	5	32	28.0
4	2	4	4.0
5	4	16	16.0

(a) 散布図を描きなさい。

(b) 回帰方程式を得なさい。すなわち $Y = DX_1^a X_2^b$ における D, a および b を決定しなさい。

(c) $X_1 = 4$ で $X_2 = 16$ のとき，Y の予測値を求めなさい。

(d) 帰無仮説および対立仮説を述べなさい。

(e) ANOVA テーブルを作成しなさい。

(f) 標準誤差を計算しなさい。

(g) 決定係数および相関係数を求めなさい。

(h) 有意水準 $\alpha = 0.05$ のとき，仮説を検定しなさい。

【解答】

(a) 図 5.7 のようになる。

(b) D, a, および b を計算する前に，表 5.10 および表 5.11 を作成する。

式 (5.29) および (5.30) と表 5.11 を用いて，次の連立方程式を得る。

$$\begin{cases} a \times 1.61547 + b \times 2.71266 \\ = 2.97289 \quad \cdots\cdots\cdots ① \\ a \times 2.71266 + b \times 4.81013 \\ = 5.11628 \quad \cdots\cdots\cdots ② \end{cases}$$

① $\times (1.6791769)$ から，

$$a \times 2.71266 + b \times 4.555036 \quad (5.3)$$
$$= 4.99220082 \quad \cdots\cdots\cdots ③$$

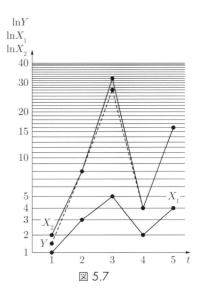

図 5.7

表 5.10

(1) $\ln X_1$	(2) $\ln X_2$	(3) $\ln Y$
$\ln 1 = 0$	$\ln 2 = 0.6931$	$\ln 1.4 = 0.3365$
$\ln 3 = 1.0986$	$\ln 8 = 2.0794$	$\ln 8.4 = 2.1281$
$\ln 5 = 1.6094$	$\ln 32 = 3.4655$	$\ln 28.0 = 3.3322$
$\ln 2 = 0.6931$	$\ln 4 = 1.3863$	$\ln 4.0 = 1.3863$
$\ln 4 = 1.3863$	$\ln 16 = 2.7726$	$\ln 16.0 = 2.7726$
$\sum \ln X_1 = 4.7874$	$\sum \ln X_2 = 10.3969$	$\sum \ln Y = 9.9557$
$\overline{\ln X_1} = 0.95748$	$\overline{\ln X_2} = 2.07938$	$\overline{\ln Y} = 1.99114$

表 5.11

(1) x_1	(2) x_2	(3) y	(4) $x_1 y$	(5) $x_2 y$	(6) y^2	(7) x_1^2	(8) x_2^2	(9) $x_1 x_2$
-0.95748	-1.38632	-1.65464	1.58428	2.29386	2.73783	0.91677	1.92188	1.32737
0.14112	0.00002	0.13696	0.01933	0	0.01876	0.01991	0	0
0.65192	1.38628	1.34106	0.87426	1.85908	1.79844	0.42500	1.92177	0.90374
-0.26438	-0.69712	-0.60484	0.15991	0.42165	0.36583	0.06990	0.48598	0.18430
0.42884	0.69318	0.78146	0.33511	0.54169	0.61068	0.18389	0.48050	0.29725
0	0	0	2.97289	5.11628	5.53154	1.61547	4.81013	2.71266

$X_1 = \ln X_{1i} - \overline{\ln X_1}, \; X_2 = \ln X_{2i} - \overline{\ln X_2}, \; Y = \ln Y_1 - \overline{\ln Y}$

②$-$③ から,

$$0 + b \times 0.25977 = 0.1242718$$

$$b = \frac{0.1242718}{0.25977} = 0.47839 \, (\fallingdotseq 0.5) \quad \cdots\cdots\cdots ④$$

① から,

$$a \times 1.61547 + 0.47839 \times 2.71266 = 2.97289$$

$$a \times 1.61547 + 1.2977094 = 2.97289$$

$$a = \frac{1.6751806}{1.61547} = 1.03696 \, (\fallingdotseq 1) \quad \cdots\cdots\cdots ⑤$$

④ および ⑤ から,

$$\ln D = \overline{\ln Y} - a \, \overline{\ln X_1} - b \, \overline{\ln X_2}$$

$$= 1.99114 - 1.03696 \times 0.95748 - 0.47839 \times 2.07942$$

$$= 1.99114 - 0.9928684 - 0.9947737$$

$$= 0.0035379 \, (\fallingdotseq 0) \quad \cdots\cdots\cdots\cdots\cdots\cdots\cdots\cdots ⑥$$

ゆえに,

$$D \fallingdotseq 1 \quad \cdots\cdots\cdots\cdots\cdots\cdots\cdots ⑦$$

④, ⑤, ⑦ を $Y = \delta X_1^\alpha X_2^\beta \varepsilon$ (式 (5.21)) に入れると, 概算的に以下の式を得る。

$$\hat{Y} = 1 X_1^1 X_2^{1/2}$$

(c) 概算的に，$X_1 = 4$ で $X_2 = 16$ のとき，以下のように予測値が得られる。

$$\hat{Y} \fallingdotseq 1X_1^1 X_2^{1/2} = 4 \times 16^{1/2} = 16$$

(d) 　　　　　帰無仮説 $H_0 : a = b = 0$

　　　　　対立仮説 $H_1 : a$ と b の少なくとも一方が 0 ではない

(e) 　$\mathrm{SS_{Reg}} = a \sum x_1 y + b \sum x_2 y$

$$= 1.03696 \times 2.97289 + 0.47839 \times 5.11628 = 5.5303451$$

$$\mathrm{SS_{Res}} = \sum y^2 - \mathrm{SS_{Reg}} = 5.53154 - 5.5303451 \fallingdotseq 0.00119$$

$$\mathrm{SS_T} = \sum y^2 = 5.53154$$

表 5.12　ANOVA テーブル

分散の要因	平方和	自由度	分散	F 比率
回帰線	5.5303451	2	2.765172	4647.35
残差	0.00119	2	0.000595	
合計	5.53154	4		

(f) 標準誤差は次のように求められる。

$$\mathrm{Se} = \sqrt{\frac{\mathrm{SS_{Res}}}{n-k-1}} = \sqrt{\frac{0.00119}{2}} = \sqrt{0.000595} = \sqrt{5.95 \times 10^{-4}}$$

$$= 2.439 \times 10^{-2} = 0.02439$$

(g) 決定係数および相関係数は次のように求められる。

$$r^2 = \frac{\sum (\hat{Y}_i - \bar{Y})^2}{\sum (Y_i - \bar{Y})^2} = \frac{5.5303451}{5.53154} = 0.99978$$

$$r = 0.99$$

(h) $\alpha = 0.05$ で自由度が $\phi_1 = 2$，$\phi_2 = 2$ のとき F の境界値は

$$F_{c,\alpha=0.05,\phi_1=2,\phi_2=2} = 19.00$$

$$F = 4647.35 > F_c = 19.00$$

したがって帰無仮説 $H_0 : a = b = 0$ は棄却された。

　この決定は，a と b は顕著に Y の変動を説明するのに貢献しており，モデルは非常によいことを意味している。高い r^2 値や極めて高い F 値を考慮すると，このモデルはほとんど完全にデータにフィットしているといえる。

　例題 5.5 はすべての計算過程を示しているが，非常に込み入っているので，この種の問題を手計算で解くことは極めてまれである。

　たとえば，1 つの時系列（従属変数）を数個の時系列（独立変数）で，それもみな非線形で説明したいとしよう。例として，鉄の生産量 (Y) を自動車の生産水準 (X_1) とビルの建設水準 (X_2) で説明したいと考える。この 3 つの時系列はみな非線形であることが知られている。したがって，このモデルが対数変換されると，それは線形の重回帰分析として扱うことができるので，さらに多くの独立変数 (X_3, X_4) を加えることができる。

　また，$Y = DX_1^a X_2^b$ における a や b のような係数は弾力性と呼ばれる。すなわち，X_1 が 1％増加すると Y が a％増加するし，X_2 が 1％増加すると Y が b％増加する。

　この性質により，たとえば板ガラスメーカーの経営者は建設業界が 1％売上を伸ばすときには，自分の会社の売上が何％増えるかが計算できるのである。このように，このモデルは意思決定のための非常に有力な道具となる。

　常識的な意味での非線形の回帰線において，説明変数の選択方法や個々のパラメータの仮説検定の方法は，基本的には第 3 章で述べた重回帰分析モデルと同じである。単相関や偏相関の方法も非線形回帰分析に従って同じように応用される。そのため，ここでは説明しない。

　はじめに紹介した 2 次関数回帰線と重回帰線の唯一の違いは，X^2 が X_2 で置き換えられたことである。この置き換えによって，この章で扱われている，いわゆる "非線形" 回帰線の公式はすべて使えることになる。対数変換を除いて，指数回帰モデルや重回帰モデルの検証は，2 次関数回帰モデルと同じである。

　たとえば，2 次関数モデルでは，最後の X^2 の項が必要かどうかを検証した

いと思うかもしれない。その場合，仮説を $H_0 : b_2 = 0$ および $H_1 : b_2 \neq 0$ とおき，b_2 に関して t 検定を用いて検証することができる。もし $H_0 : b_2 = 0$ が受容されるならば，X^2 の項は省略する場合もある。

5.6 回帰線に関わる諸問題

5.3 節では回帰線を行列を用いて解く一般式を学んだ。すなわち次のような式である。

$$b = (X'X)^{-1}(X'Y) \quad \cdots\cdots\cdots\cdots\cdots\cdots ①$$

5.3 節の通り，この式は非常にパワフルな式である。しかしこの式の運用には種々の問題があることも事実である。それを知り，解決策のあるものは解決策を学ぼうというわけである。

5.6.1 共線性あるいは多重共線性

回帰分析でよく直面する問題は，従属変数 (Y) の変動を説明するために多くの説明変数をモデルに入れたら，もっと説明できるであろうと考え，やたらと説明変数を増やすことである。そうすると，そのうちの 2 つの変数あるいはそれ以上の変数の相関が強く，あまり信頼のおける回帰線の係数（b 値）が得られない。このような性質を，共線性（collinearity）あるいは，多重共線性（multi-collinearity）という。

たとえば，次の連立方程式を消去法によって解いてみよう。

$$\begin{cases} 2a + 3b = 10 \quad \cdots\cdots\cdots\cdots\cdots\cdots ① \\ 4a + 6b = 18 \quad \cdots\cdots\cdots\cdots\cdots\cdots ② \end{cases}$$

まず ① ×2 は

$$4a + 6b = 20 \quad \cdots\cdots\cdots\cdots\cdots\cdots ③$$

③ − ② を計算すると左辺は 0 になるが，右辺が $20 - 18 = 2$ となり，右辺と左辺が等しくない。この二つの等式は平行線で，決して交わることがないことを示している。a の係数と b の係数の比率が同じである場合，つまり直線 ① と ② は相関性が非常に高く，説明変数として加えるべきではないということである。

また，行列で逆行列を掛けるということは，その行列で割るというのとほとんど同意語である。極端な例として，$(X'X)^{-1}$ が，つまり分母がゼロになる場合は，係数 b の値も得ることができない。

上記の連立方程式をクラメルの公式に従って解いてみよう。

$$a = \begin{vmatrix} 10 & 3 \\ 28 & 6 \end{vmatrix} \div \begin{vmatrix} 2 & 3 \\ 4 & 6 \end{vmatrix} = \frac{60 - 54}{12 - 12} = \frac{6}{0} \quad \cdots\cdots\cdots\cdots ④$$

$$b = \begin{vmatrix} 2 & 10 \\ 4 & 28 \end{vmatrix} \div \begin{vmatrix} 2 & 3 \\ 4 & 6 \end{vmatrix} = \frac{56 - 40}{12 - 12} = \frac{16}{0} \quad \cdots\cdots\cdots\cdots ⑤$$

この連立方程式の解は，a および b ともに分母が 0 で，両方とも定義できない数字となる。これは，図を描いてみるとよくわかるが，上記の連立方程式で表される 2 つの直線が平行線で，決して交わることがないことから解が存在しないのである。これはガウス・ジョーダン法で解いても同じ結果になる。

数多くある説明変数の中でこのような状況が起きていると，回帰線は求められない。上記の例は完全に平行線だが，完全に平行線ではなくとも，非常に平行線に近い状態でも起こりうる。すなわち相関行列で，ある 2 つの変数の相関係数が非常に高く 1 に近いとき，上記 ④ ⑤ は分母が非常に小さくなる。このときある数（分子）を非常に小さい分母で割ると，係数 b は非常に大きくなり，あまり信頼性がなくなる場合がある。

こういう問題を避けるために，まず第一に，現在の基本的なモデルにもう一つの説明変数を加えようとするときは，現在モデルに入っている説明変数のどれとも相関が強くない説明変数を選ぶべきである。

第 2 の考え方は，現在のモデルの残差とこれから加えようとする新しい変数が同様なパターンを示しているかを見ることである。

第 3 の考え方は，現在説明変数としてモデルに入っているもののなかで，相関の高いものをまとめて一つのグループとして取り扱うことである。この考え方は第 6 章で詳しく述べる因子分析の考え方である。

一般的にいえることは，回帰線全体の説明力が高いかどうかを r^2 や F 値で判断しながら，説明変数の数をできるだけ減らすことである。

> ### 吉田の
> ### 心得5-1
>
> 　この章は少々難しい。これまでの章は説明変数が 1 つか 2 つであり，どの数字がどうなって，最終的にどうなったかを追跡することができた。しかしこの章では説明変数が n 個であり，それだけに抽象度が高い。抽象度が高いということは，理解するまでが大変だが，ひとたびそれを理解してしまうと，けた違いにパワフルな手法となる。したがって，1 度や 2 度読んだくらいで，よく理解したという風にはならない。読んでわからないときは，専門家の講義を繰り返し聴くのも一つの手である。また，この章と同様の内容を扱っている，何冊かの易しい本を読んでから，また戻ってくると氷解することがよくある。肝心なことはあきらめないことである。もともと商学部で会計を専攻していた私が大学院で数理統計を専攻したときは，困難を克服するためにいろいろな工夫をしたものである。

練 習 問 題

1. 以下のような時系列データが与えられているとき，

$$Y = b_0 + b_1 t + b_2 t^2 + e$$

となるモデルを考える。

年 　　(t)	2014	2015	2016	2017	2018
売上 　(Y)	1	2	6	9	17

（単位：億円）

(a) 回帰線の方法で b_0, b_1 および b_2 の値を決定しなさい。

(b) F 値を求めなさい。

(c) $\alpha = 0.05$ でこのモデルの仮説を検証しなさい。

(d) Y の標準誤差を計算しなさい。

(e) 2019 年の売上予測をしなさい。

(f) 上記の予測の 95％の信頼区間を求めなさい。

(g) 決定係数を計算しなさい。

2. アナリストが毎年の軽トラックの登録台数を予測しようとしている。そのアナリストは次のようなモデルが最も適切だと考えた。

$$Y = \delta X_1^{\alpha} X_2^{\beta} \varepsilon$$

ここで，Y は軽トラックの毎年の登録台数，X_1 はインフレ調整した可処分所得，X_2 は税引き後の企業利益である。

対数変換後，次のような式を得た。

$$\ln Y = \ln \delta + \alpha \ln X_1 + \beta \ln X_2 + \ln \varepsilon$$

また，このモデルから推定するための式 $Y = DX_1^a X_2^b$ について，次のような情報がコンピューターの計算結果から得られたと仮定する。

$$n = 21, \quad \ln D = 0.42586, \quad a = 0.96781, \quad b = 0.04642$$

$$\mathrm{SS}_{\mathrm{reg}} = 0.39242$$

$$\mathrm{SS}_{\mathrm{T}} = 0.46924$$

(a) F 値を求めなさい。

(b) $\alpha = 0.05$ でモデルを検証しなさい。

(c) 決定係数および Y の推定値の標準誤差を求めなさい。

3. 自動車製造会社のマーケティング課の課長が中型車の年間の登録台数の予測をしようとしている。彼は最も適切なモデルは次のようなものだと考えた。

$$Y = \delta X_1^{\alpha} X_2^{\beta} \varepsilon$$

ここで，Y は中型車の年間登録台数 t，X_1 はインフレ調整した可処分所得，X_2 は税引き後の企業利益である。

対数変換後，次のような式を得た。

$$\ln Y = \ln \delta + \alpha \ln X_1 + \beta \ln X_2 + \ln \varepsilon$$

また，このモデルから推定するための式 $Y = DX_1^a X_2^b$ について，コンピューターの計算結果から次のような情報を得た。

$$n = 10, \quad \ln D = 3.0043592, \quad a = 2.8634631, \quad b = -2.0548802,$$

$$r^2 = 0.53158, \quad \mathrm{SS}_{\mathrm{T}} = 104.09480$$

仮説は次のように与えられている。

$$H_0 : \alpha = \beta = 0, \ H_1 : \alpha \ \text{と} \ \beta \ \text{の少なくとも一方が} \ 0 \ \text{ではない}$$

これらの情報を用いて次の問に答えなさい。

(a) SS_{Reg} を計算しなさい。

(b) SS_{Res} を計算しなさい。

(c) F 値を求めなさい。

(d) $\alpha = 0.05$ のとき，仮説を検定しなさい。

(e) このモデルはよいモデルか否かを評価しなさい。そしてその理由を述べなさい。

4. 次のようなデータが与えられているとき，

年	(t)	2014	2015	2016	2017	2018
売上	(Y)	4	6	9	16	30

（単位：億円）

(a) 2 次関数の回帰線を得なさい。すなわち $Y = b_0 + b_1 t + b_2 t^2$ における b_0, b_1, および b_2 を決定しなさい。

(b) 2019 年における売上予測値を求めなさい。

(c) 帰無仮説および対立仮説を述べなさい。

(d) F 値を求めなさい。

(e) 標準誤差を計算しなさい。

(f) 決定係数および相関係数を計算しなさい。

(g) $\alpha = 0.05$ のとき仮説を検定しなさい。

(h) この予測モデルはよいかどうかを評価し，その理由を述べなさい。

5. ある消費財メーカーの担当者が，自社の売上高の予測をしようとしている。彼はモデル $Y = \alpha e^{\beta t} \varepsilon$ が最適だと考えた。対数変換後，次のような式を得た。

$$\ln Y = \ln \alpha + \beta t + \ln \varepsilon$$

中心化したデータを用いたコンピューターの計算結果から次のような情報を得た。

$$n = 360, \ \ln A = 4.5953107, \ b = 0.0033097,$$
$$r^2 = 0.93412, \ SS_{Reg} = 42.58949$$

これらの情報を用いて，次の問に答えなさい。

(a) SS_T を求めなさい。

(b) SS_{Res} を求めなさい。

(c) F 値を求めなさい。

(d) 仮説が $H_0 : \beta = 0$, $H_1 : \beta \neq 0$ であると仮定して，$\alpha = 0.01$ で仮説を検定しなさい。

(e) このモデルがよいモデルかどうか評価し，その理由を述べなさい。

6. 次のようなデータが与えられているとき，

年	(t)	2014	2015	2016	2017	2018
売上	(Y)	10	20	30	50	90

（単位：億円）

(a) 2 次関数の回帰線を求めなさい。すなわち，回帰モデル $Y = b_0 + b_1 t + b_2 t^2$ における b_0, b_1, b_2 を求めなさい。

(b) 2019 年の予測される売上を求めなさい。

(c) 帰無仮説および対立仮説を述べなさい。

(d) F 値を求めなさい。

(e) 標準誤差を求めなさい。

(f) 決定係数ならびに相関係数を求めなさい。

(g) $\alpha = 0.05$ で仮説を検定しなさい。

(h) このモデルがよいかを評価し，その理由を簡潔に述べなさい。

7. 多くの製品に関して，全製造コストは生産量の 2 次関数として表される。このことをふまえ，ある製品について次のような時系列が与えられているとき，以下の問に答えなさい。

年	(T)	11	12	13	14	15	16	17	18	19	20
生産量	(X)	3	4	5	6	8	7	5	6	7	9
全製造コスト	(Y)	7	6	4	5	7	6	5	6	6	8

（単位：X：千台，Y：億円）

(a) 2 次関数の回帰線を得なさい。すなわち，回帰モデル $Y = b_0 + b_1 X + b_2 X^2$ における b_0, b_1, b_2 を求めなさい。

(b) $X = 6$ のとき予測される全製造コストを求めなさい。

(c) 帰無仮説および対立仮説を述べなさい。

(d) F 値を求めなさい。

(e) Y の推定値の標準誤差を計算しなさい。

(f) 決定係数および相関係数を求めなさい。

(g) $\alpha = 0.01$ で仮説を検証しなさい。

(h) このモデルがよいか否かを評価しなさい。そしてその理由を短く述べなさい。

8. 次のような自動車の生産に関するデータが与えられているとき，2 次関数モデルを用いて次の問に答えなさい。

生産量	(X)	1	2	3	4	5
全コスト	(Y)	15	11	10	11	13

(単位：X：千台，Y：億円)

(a) 散布図を描きなさい。

(b) $Y = b_0 + b_1 X + b_2 X^2$ における回帰線の係数を決定しなさい。

(c) この 2 次曲線をグラフに描きなさい。

(d) $X = 4$ のときの推定される全コストを求めなさい。

(e) 帰無仮説および対立仮説を述べなさい。

(f) F 値を求めなさい。

(g) 標準誤差を計算しなさい。

(h) 決定係数および相関係数を計算しなさい。

(i) $\alpha = 0.05$ で仮説を検証しなさい。

(j) 上記 (d) のとき，この推定値の 95% 信頼区間を求めなさい。

(k) このモデルがよいモデルか否かを評価し，その理由を短く述べなさい。

9. ある物理学者が実験中の物質の放射線量を予測しようとしている。放射線量は指数関数的に低減していく。すなわち $C = C_0 e^{-kt}$ という式で表される。ここで C_0 はキュリーで測った $t = 0$（分）のときの初期放射線量である。対数変換をした後，次の式が得られた。

$$\ln C = \ln C_0 - kt$$

中心化したデータを用いたコンピューターの計算結果から，次のような情報が得られた。

$$n = 8, \ \ln C_0 = 0.86792713, \ k = 0.078833629,$$
$$r^2 = 0.99786, \ \mathrm{SS_{Reg}} = 1.04408$$

これらの情報を用いて，次の問に答えなさい。

(a) 放射線量が 0.10 キュリーに下がるのはいつか。

(b) 放射線量が初期の値から半分の値になるまでの期間を半減期と呼ぶ。この物質の半減期を求めなさい。

(c) SS_T を求めなさい。

(d) SS_{Res} を求めなさい。

(e) F 値を計算しなさい。

(f) 仮説が $H_0 : k = 0$, $H_1 : k \neq 0$ の場合，$\alpha = 0.01$ でこの仮説を検証しなさい。

(g) このモデルがよいモデルか否かを評価し，その理由を短く述べなさい。

10. モデル $Y = DX_1^a X_2^b$ の回帰分析において，次のようなコンピューターの計算結果からの情報が得られた。

$$n = 10, \quad \ln D = 0.006325, \quad a = 1.9920287, \quad b = 0.49841187,$$
$$\sum (\ln Y_i - \overline{\ln Y})^2 = 17.32141, \quad SS_{Res} = 0.00074$$

仮説は次のように与えられている。

$$H_0 : \alpha = \beta = 0, \ H_1 : \alpha \ と \ \beta \ の少なくとも一方が \ 0 \ ではない$$

これらの情報を用いて，次の問に答えなさい。

(a) SS_{Reg} を計算しなさい。

(b) $X_1 = 6$ で $X_2 = 9$ のとき Y の期待値を求めなさい。

(c) F 値を求めなさい。

(d) r^2 を求めなさい。

(e) この推定値の標準誤差を計算しなさい。

(f) この標準誤差の対数値の逆算値を求めなさい（すなわち対数に変換した数値ではなく元の測定値による標準誤差を求めなさい）。

(g) $\alpha = 0.01$ で，仮説を検証しなさい。

(h) X_1 が 1％増加したとき，Y は何％変化すると予測されるか。

(i) このモデルがよいモデルか否かを評価し，その理由を短く述べなさい。

吉田の
心得5-2

この章を克服するのは確かに少々大変だ。しかし，あなたが難しいと思うとき，それは貴方だけではないのだ。いわば，山でいえば，この章は八合目ぐらいの胸突き八丁というところで，スローダウンする必要があるかもしれない。

補足 5-3

ニューヨークでバイオリンを持った若い人がタクシーの運転手に「カーネギーホールへはどうやって行くのですか」と尋ねた。タクシーの運転手は「練習，練習，また練習」と答えたそうだ。（出所不明）

補足 5-4

上記の吉田の心得 5-1 および 5-2 を読み返して，少々脅かしすぎたかなと後悔している。そこで神の救いとでもいえる 1 つの逃げ道をお教えしよう。この章の後に続く，第 6 章では計算は全部コンピューターがやってくれる。しかもそれを理解するのに，数学はそれほど必要としない。それらの内容を一応理解したならば，多くの人々が貴方を専門家と誤解するだろう。その場合，ムキになってそれを否定する必要はない。そういうときには「いやあ，それほどでもないですよ」なんて言ってニコニコしていればそれでよい。誤解するのは彼等の問題であって，貴方の問題ではないから。

全体観を得るための手法

6.1 はじめに

　第5章までは，従属変数の予測やモデルの評価という目的が強かったが，第6章はサンプルや変数をある基準によってグループ化し分類することで，母集団の全体像を把握することが目的である。大量のデータが利用可能な現在，その解析はコンピューターに頼ることになった。この章では多変量解析の代表的な3つの手法である，クラスター分析，主成分分析，因子分析を，主としてコンピューターの計算結果を読み解く方法で学ぶ。コンピューターの計算結果を全部，細かく理解する必要はない。大筋だけを理解して，何に用いられるかを理解することが重要である。

6.2 データの説明

　表6.1はMBAプログラムにおける学生の科目別最終得点を一覧表にしたものである。この表は，この章を通して用いられる。MBA（Master of Business Administration）とは，いわゆる経営学修士号ともいえるもので，学生は異なるバックグラウンドを持った，ある程度の実績のある社会人である。彼らは，MBA取得後は，様々な職種で経営者をはじめ指導的な地位に就く準備をするために，ビジネスの理論と実践を学んでいる。

　したがって，学生は種々の分野で働くプロで，科目によっては学生の方が先生よりも詳しい場合もある。そのため，MBAプログラムでは同じ試験を受けてもその得点には非常に大きなばらつきがある。

表 6.1

MBAプログラム

	経済学	経営学	会計学	マーケティング	統計学	OM	ファイナンス	コンピューター	インターネット
A	78	85	83	83	70	75	68	62	65
B	81	82	90	85	73	77	69	67	65
C	92	80	85	90	82	76	67	69	70
D	85	89	80	91	78	80	70	72	73
E	60	82	90	75	65	73	62	64	66
F	74	88	80	83	77	68	72	74	76
G	63	67	66	72	90	88	82	81	83
H	68	65	70	74	88	89	86	83	82
I	77	79	75	76	83	82	87	90	86
J	69	67	76	69	85	84	83	91	89
K	79	68	72	73	75	70	68	95	94
L	66	63	70	74	75	69	67	89	91
M	65	68	69	66	73	71	68	93	90
N	91	92	87	89	77	71	69	63	69
O	93	94	90	87	66	79	83	65	67
P	90	89	91	86	72	75	78	71	73
Q	94	91	92	93	85	82	84	68	65
R	64	68	65	69	92	83	86	91	95
S	67	70	72	73	85	80	86	92	90
T	69	72	73	71	75	85	68	89	87

　これは，米国で顕著なのだが，学部で何を専攻して，MBA プログラムで何を特に集中して学んだかにより，MBA 取得後の初任給には大きな差が生じる。米国の新人採用係たちは，学生の学部での専攻学科と MBA で何を中心に学んだかを注視している。

　表 6.1 の左端の列は学生番号を示しており，それぞれの行の数字はその学生の各科目での得点を示している。基本統計量を見るかぎり，学生の成績に関し

基本統計量	n=20		
	合計	平均	標準偏差
経済学	1525	76.25	11.34565
経営学	1559	77.95	10.47543
会計学	1576	78.8	9.116758
マーケティング	1579	78.95	8.494455
統計学	1566	78.3	7.671514
OM	1557	77.85	6.335176
ファイナンス	1503	75.15	8.499367
コンピューター	1569	78.45	11.94937
インターネット	1576	78.8	10.92364

ては平均値にしろ，標準偏差にしろ，科目間の大きな差異は認められない。

6.3　クラスター分析

　クラスター分析のクラスター（cluster）とは，群または集団などを意味する言葉である。近年，多方面にわたる分野でテクノロジーが進み，大量のデータが利用可能になってきた。時には非常に無秩序でなかなか意味のある内容を読み取れないようなデータを扱うこともある。そういうときにまず何らかの手法によってこれらの大量のデータから何か意味のあるグループに分類することができれば，全体をよりよく理解できるはずである。そこでまず，データのなかで似ているものはないかという観点から小グループを形成することができるかを考える。クラスター分析はこのような考え方に基づき生まれてきた統計的手法の一つである。つまり「似ているか」「似ていないか」という基準でデータをより分けていく。

　マーケティングなどでは，質問に対する回答によってグループ分けをしたり，調査対象のグループによりグループ分けをすることがよく見られる。とくに AI や機械学習などの分野では，このクラスター分析は非常に重要な手法である。

6.3.1　階層クラスター分析と非階層クラスター分析

　クラスター分析は階層クラスター分析と非階層クラスター分析に分類される。一般的には階層クラスター分析がよく使われる。サンプルの似ている度合いによって，最も近いものどうしをひとくくりにし，順次そのくくりを広げていき，その過程が階層になり樹形図で表されるようになる。この樹形図をデンドログラムと呼ぶ（184 ページ，図 6.3 参照）。

　非階層クラスター分析とは，あまりにも複雑でいくつのグループに分けてよいのかの見当がつきかねるデータを，グループ化する手法である。手法は，まずサンプル間の違いに注視し分類していくが，その分類には少々計算を伴うためここでは取り扱わない。

6.3.2 階層クラスター分析

表 6.1 を用いてクラスター分析を試みてみよう。コンピューターにかける前に，目視により近似的なものをひとくくりにすることを試み，さらにそれらをより大きなグループにひとまとめにできないかと考えていこう。

まず，表 6.2 のように 90 点以上にマルを付けて，80 点以上に三角をつけてみた。そうすると，いくつかの塊が現れた。それを大雑把に囲って，I, II, III, IV, V と付けてみると，I, II は文系のバックグラウンドを持ったグループ，III, IV, V は理系に強いと思われるグループとコンピューター関係に強い能力を持つグループが見えてくる。また，III と IV は重複しているが，IV は特にコンピューター関係に強そうだということがわかる。これをさらに大きなグループでくくることも可能かもしれないし，I, II の中や，III, V の中はもう少し点数を細かく分類すれば，小さいグループにも分けられるかもしれない。それらの考察から図 6.1 のような散布図が描けた。

表 6.2

MBAプログラム

	経済学	経営学	会計学	マーケティング	統計学	OM	ファイナンス	コンピューター	インターネット
A	78	▲85	▲83	▲83	70	75	68	62	65
B	▲81	▲82	◯90	▲85	73	77	69	67	65
C	◯92	▲80	▲85	◯90	▲82	76	67	69	70
D	▲85	▲89	▲80	◯91	78	80	70	72	73
E	60	▲	◯90	75	65	73	62	64	66
F	74	▲	▲80	▲83	77	68	72	74	76
G	63	67	66	72	◯90	▲88	▲82	▲81	▲83
H	68	65	70	74	▲88	▲89	▲86	▲83	▲83
I	77	79	75	76	▲83	▲82	▲87	◯90	▲86
J	69	67	76	69	▲85	▲84	▲83	◯91	▲89
K	79	68	72	73	75	70	68	◯95	◯94
L	66	63	70	74	75	69	67	◯89	◯91
M	65	68	69	66	73	71	68	◯93	◯90
N	◯91	◯92	▲87	▲89	77	71	69	63	69
O	◯93	◯94	◯90	▲87	66	79	83	65	67
P	◯90	▲89	◯91	▲86	72	75	78	71	73
Q	◯94	◯91	◯92	◯93	▲85	▲82	▲84	68	65
R	64	68	65	69	◯92	▲83	▲86	◯91	◯95
S	67	70	72	73	▲85	▲80	▲86	◯92	◯90
T	69	72	73	71	75	▲85	68	◯89	▲87

(I, II, III, IV, V のグループ表示)

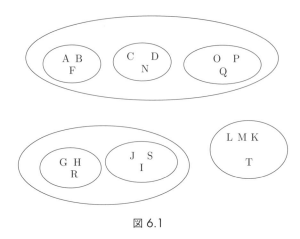

図 6.1

　実際に計算に入る前にどのような結果が得られるかを直感的につかむのが，吉田流直感的統計学である。その習慣をつけることによって，計算をしなくても全体の特徴や性格を理解することができ，コンピューターがはじき出した数字が妥当かどうかを見極める能力が身に付くのである。細かい数字にとらわれるのではなく，全体観をつかむためには，データを見たときに当たりをつけるという能力をぜひ養ってもらいたい。

6.3.3　コンピューターによる解析

　ここで，前述のアドインソフト「EXCEL 多変量解析」を使ってみると次ページのような結果が得られた。クラスターの数，つまり，いくつに分類したいのかは 3 と指定した。

　この表はサンプル（クラスター）間の距離を小さい順に並べたものである。つまり，G–H 間の距離が最も近く 0.934 で，最も似ているということを示している。G と H をみてみると，二人とも経済学，経営学，会計学，マーケティングにおいては，60〜70 点であるが，統計学，OM（operations management），ファイナンス，コンピューター，インターネットでは，すべて 80 点以上である。ここで注意すべき点は，良い成績の順に並んでいるのではない。二人が同じように悪い成績であっても，似ていればその距離は近いということである。

　また，GとHは個々のサンプル間の距離である
が，たとえば，14番目のG–IというのはG, H, Rの
クラスターとI, J, Sのクラスターの距離であって，
GとIの個々のサンプル間の距離ではない。もっ
とも違っているのはAとGのグループで，27.673
となっている。どのように違っているかは，次のク
ラスター別サンプル名とクラスターの重心を見ると
よくわかる。各サンプルがどのような階層に分類さ
れているかは，樹形図を見るとよい。

　「クラスター別サンプル名」は，全サンプルを3
つのクラスターに分類した時に，どのサンプルがど
のクラスターに入るかを表している。また，「クラ
スターの重心」を読むと，各クラスターがどのよう
な性質をもっているかがわかる。クラスター1は明
らかに従来の文系，クラスター2は理系，クラスター3は特にコンピューター
関係に強いグループといえる。

　次ページの樹形図の中の縦線は，全サンプルが階層的に分類され，最後に3
分類されていることを示している。

	サンプル名	距離
1	G-H	0.934
2	J-S	1.059
3	A-B	1.142
4	L-M	1.230
5	O-P	1.533
6	C-D	1.578
7	K-L	1.645
8	I-J	1.815
9	C-N	1.933
10	G-R	2.216
11	A-F	2.727
12	A-C	2.901
13	O-Q	2.993
14	G-I	3.119
15	K-T	3.326
16	A-E	4.398
17	A-O	5.136
18	G-K	10.101
19	A-G	27.673

クラスター規模表

クラスター	件数	比率
1	10	50.00%
2	6	30.00%
3	4	20.00%
合計	20	100.00%
除外	0	

クラスター別サンプル名

<1> サンプル名	<2> サンプル名	<3> サンプル名	除外 サンプル名
A	G	K	
B	H	L	
C	I	M	
D	J	T	
E	R		
F	S		
N			
O			
P			
Q			

クラスターの重心

クラスター	経済学	経営学	会計学	マーケティング	統計学	OM	ファイナンス	コンピューター	インターネット
1	83.8	87.2	86.8	86.2	74.5	75.6	72.2	67.5	68.9
2	68	69.33	70.67	72.17	87.17	84.33	85	88	87.5
3	69.75	67.75	71	71	74.5	73.75	67.75	91.5	90.5

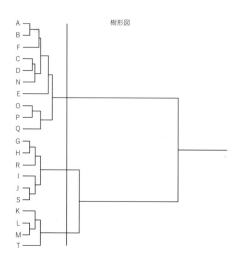

　参考のために，はじめに目視で行った図 6.1 と同じような散布図（図 6.2）を作成してみた。目視図は大まかにはうまく分類ができているようだが，全体を詳細にとらえるという点ではコンピューターに基づいたクラスター分析には到底かなわないことがわかる。大量のデータがあるときには，コンピューターによるクラスター分析が威力を発揮するであろう。

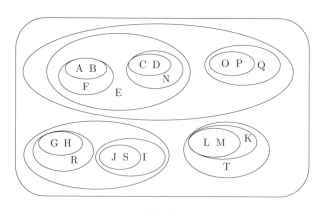

図 6.2

■ クラスターの数が 4 つの時

以下は，クラスターの数を 4 つにしてみたときの分析結果である。

分類の数を変えても，サンプル（クラスター）間の距離は変わらない。

サンプル間の距離

サンプル間の距離計算：基準値のユークリッド距離
クラスター間の距離計算：ウォード法

No.	サンプル名	距離
1	G-H	0.934
2	J-S	1.059
3	A-B	1.142
4	L-M	1.230
5	O-P	1.533
6	C-D	1.578
7	K-L	1.645
8	I-J	1.815
9	C-N	1.933
10	G-R	2.216
11	A-F	2.727
12	A-C	2.901
13	O-Q	2.993
14	G-I	3.119
15	K-T	3.326
16	A-E	4.398
17	A-O	5.136
18	G-K	10.101
19	A-G	27.673

クラスター規模表

クラスター	件数	比率
1	7	35.00%
2	6	30.00%
3	4	20.00%
4	3	15.00%
合計	20	100.00%
除外	0	

クラスター別サンプル名

<1> サンプル名	<2> サンプル名	<3> サンプル名	<4> サンプル名	除外 サンプル名
A	G	K	O	
B	H	L	P	
C	I	M	Q	
D	J	T		
E	R			
F	S			
N				

クラスターの重心

クラスター	経済学	経営学	会計学	マーケティング	統計学	OM	ファイナンス	コンピューター	インターネット
1	80.14	85.42	85	85.14	74.57	74.29	68.14	67.29	69.14
2	68	69.33	70.67	72.17	87.17	84.33	85	88	87.5
3	69.75	67.75	71	71	74.5	73.75	67.75	91.5	90.5
4	92.33	91.33	91	88.67	74.33	78.67	81.67	68	68.33

　図 6.3 より，クラスターを 3
つから 4 つに増やすことによっ
て，第 1 のクラスターに入って
いた O, P, Q が第 1 クラスター
から離れて第 4 のクラスターを
形成している。クラスターが 3
つのときの 1 番目のクラスター
は文系であったが，4 つのとき
の 4 番目のクラスターは文系の
中でも成績優秀の人たちが集め
られているようだ。このように，
より詳細に分類されたことがわ
かる。

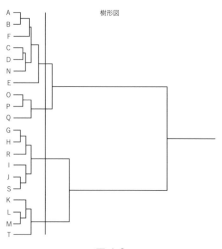

図 6.3

　それでは，クラスターの数を
増やすことによって，より最適
なグループ分けが期待されるで
あろうか。図 6.4 の樹形図は，
クラスターの数を 5 個にしたも
のである。E がクラスターを作
らず孤立しているので，グルー
プ化することでデータの変数を
減らすという目的に適合してい
ない。このようなときはクラス
ターの数が多すぎるとみなす。
このケースの場合，クラスター
の数は 4 個，または 3 個がよい
だろう。

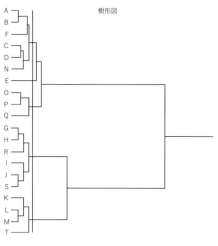

図 6.4

6.4 主成分分析

　主成分分析とは，多くの説明変数を，より少ない指標や合成変数（複数の変数が合体したもので主成分と呼ばれる）に要約し，全体のばらつきをよりよく表そうとするための多変量解析の手法の一つである。

　まずここでは全体像を頭に入れるために，次のような画像を見ることから始めよう。

図 6.5

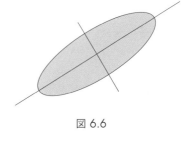

図 6.6

　図 6.5 はご存じの通り，銀河の画像である。全体のばらつきを捉える 1 つの方法は，この銀河の広がりの中心に軸を通して全体を表現することである。もう少し正確に言うと，一番長い軸とそれに直角なもう 1 つの軸の 2 つで全体のばらつきををを表現する方法である。図 6.5 の銀河を模式化したのが図 6.6 である。主成分分析はこの概念に基づいた手法である。

　繰り返しになるが，主成分分析は多くの変数のデータが与えられているとき，全体のデータの中で 1 つか 2 つの主要なグループを見つけ出すことである。その過程でいろいろな特殊な用語が出てくるが，あまり細かいところにはとらわれずに全体のプロセスを理解していただきたい。

図 6.5 の出典：M31, the Andromeda Galaxy, Killarney Provincial Park Observatory, Brucewaters (2021), https://commons.wikimedia.org/wiki/File:M31,_the_Andromeda _Galaxy,_Killarney_Provincial_Park_Observatory.jpg

　この節で使われるデータは，前節と同様，MBA プログラム（表6.1）である。
そして，前述のソフトウエア「EXCEL 多変量解析」の「主成分分析」を用い
る。自分にとってなじみがある簡単なデータを実際に用いて，入力するデータ
と出力されるデータを，この節の例と比較しながら読み進めていくと，結果が
よくわかるのではないだろうか。

■ 分析結果

　表6.1のデータから，次のような結果が得られた。主成分の数は 2 と指定した。

相関行列

	経済学	経営学	会計学	マーケティング	統計学	OM	ファイナンス	コンピューター	インターネット
経済学	1	0.771	0.717	0.883	-0.217	-0.163	-0.012	-0.590	-0.617
経営学	0.771	1	0.862	0.868	-0.457	-0.260	-0.132	-0.834	-0.838
会計学	0.717	0.862	1	0.801	-0.559	-0.282	-0.244	-0.852	-0.894
マーケティング	0.883	0.868	0.801	1	-0.241	-0.190	-0.137	-0.814	-0.824
統計学	-0.217	-0.457	-0.559	-0.241	1	0.627	0.664	0.458	0.462
OM	-0.163	-0.260	-0.282	-0.190	0.627	1	0.682	0.202	0.145
ファイナンス	-0.012	-0.132	-0.244	-0.137	0.664	0.682	1	0.300	0.267
コンピューター	-0.590	-0.834	-0.852	-0.814	0.458	0.202	0.300	1	0.977
インターネット	-0.617	-0.838	-0.894	-0.824	0.462	0.145	0.267	0.977	1

　相関行列では，左上から右下に向かって対角線上にすべて 1 が並んでおり，
それぞれの科目においてはそれ自身との相関は常に 1 であることを示している。
この対角線を軸にして，数値が対象に並んでいる。たとえば，左下のインター
ネットの行と会計学の列とが交差するところに −0.894 とある。また逆に，会
計学の行とインターネットの列の交差点に −0.894 とある。つまり左下の三角
形と右上の三角形は鏡像関係になっている。したがって，相関行列には半分の
いずれかの三角形部分のみが示されることが多い。また，このことから，会計
学とインターネットは負の相関であることもわかる。つまり一方が増えるとも
う一方は減る関係になっている。ここで扱っている相関行列は簡単なものだが，
大きな相関行列では強い相関の数値を示す数字に関してはマル（○）で囲むな
どして，そこに注目するのが研究者の慣行である。どのくらい以上ならばマル
を付けるかは状況にもよるが，0.5 以上は一つの目安として用いられる。主成
分分析とは，この相関行列から何らかの近似性のあるグループを見つけ出すこ

とである。

　固有値とはそれぞれの変数が全体のば
らつきをどれほど説明しているかである。
固有値の合計は主成分分析に用いられた
変数の数に等しく，この場合は9である。
固有値を固有値の合計で割った数字が寄
与率になる。たとえば，一行目の主成分
の寄与率は $5.49 \div 9 = 0.61$ すなわち
61% となる。寄与率を上から足していく

固有値

主成分No.	固有値	寄与率	累積
1	5.49	60.99%	60.99%
2	1.98	21.98%	82.98%
3	0.64	7.14%	90.12%
4	0.39	4.34%	94.46%
5	0.25	2.74%	97.20%
6	0.13	1.40%	98.61%
7	0.08	0.85%	99.46%
8	0.04	0.39%	99.85%
9	0.01	0.15%	100.00%

と累積寄与率が出る。つまり，そのトータルは 100% になる。

　一般に固有値が1より大きいか，あるいは累積寄与率が 60% を超えるものを
主成分として採用する。固有値とは各主成分が含んでいる情報の大きさを示す
指標だから，一般に，固有値が1以上ある主成分が元のデータとの関連が強い
とされる。

固有ベクトル

	主成分1	主成分2
経済学	0.332	0.240
経営学	0.395	0.131
会計学	0.401	0.052
マーケティング	0.382	0.216
統計学	-0.254	0.468
OM	-0.166	0.546
ファイナンス	-0.159	0.585
コンピューター	-0.392	-0.071
インターネット	-0.395	-0.102

主成分負荷量

	主成分1	主成分2
経済学	0.777	0.338
経営学	0.924	0.184
会計学	0.939	0.073
マーケティング	0.896	0.304
統計学	-0.595	0.659
OM	-0.389	0.769
ファイナンス	-0.371	0.823
コンピューター	-0.919	-0.100
インターネット	-0.926	-0.143

　固有ベクトルの表を見ると，主成分1と主成分2はきれいに分類されている。
　主成分負荷量は固有ベクトルに固有値の平方根を掛けたものである。固有ベ
クトルと同様に，主成分負荷量の表からも主成分1と主成分2が明確に分類さ
れているのがわかる。主成分1でグレーの背景を付けたところは，それ以外の
数値と比べて，数字がまるで異なっている。主成分2においても同様に，グレー
の背景の数値とそれ以外の数値は全く異なる状況を呈している。

主成分得点

	主成分 1	主成分 2
1	2.206	-0.767
2	2.244	-0.255
3	2.014	0.319
4	1.738	0.541
5	1.743	-2.262
6	1.155	-0.906
7	-2.693	1.341
8	-2.420	1.732
9	-1.364	1.258
10	-2.506	0.752
11	-1.506	-1.866
12	-1.767	-2.282
13	-2.112	-2.345
14	2.973	-0.121
15	3.048	0.901
16	2.357	0.341
17	2.570	2.538
18	-3.577	1.088
19	-2.467	0.672
20	-1.637	0.679

主成分得点の基準化

	主成分 1	主成分 2
1	0.942	-0.545
2	0.958	-0.182
3	0.860	0.227
4	0.742	0.385
5	0.744	-1.608
6	0.493	-0.644
7	-1.149	0.953
8	-1.033	1.231
9	-0.582	0.894
10	-1.070	0.534
11	-0.643	-1.327
12	-0.754	-1.622
13	-0.901	-1.667
14	1.269	-0.086
15	1.301	0.641
16	1.006	0.243
17	1.097	1.804
18	-1.527	0.773
19	-1.053	0.478
20	-0.699	-0.483

　主成分得点の表は，各サンプルの特徴を検討する際に利用する。このデータの場合，データナンバー 14（学生 N）および 15（学生 O）が主成分得点を高めるのに最も寄与している。つまり，成績が 1 番，2 番という意味である。基準化した主成分得点は平均値が 0 で標準偏差が 1 になるよう数値が変換されているので，正規分布であると仮定すると，この表の数値は Z 値だとみなすことができる。

　図 6.7 と図 6.8 を比較してみると，会計学，経営学，マーケティング，経済学は主成分 1 において影響力が非常に強く，主成分 2 では弱い。一方，主成分 1 におけるファイナンス，OM，統計学はマイナスであったのに対して，主成分 2 においてはプラスに転じて大きな割合を示している。つまり，会計学，経営学，マーケティング，経済学は主成分 2 においてはあまり強い影響力を持たないと考えられる。しかしコンピューターとインターネットだけは両方の図でマイナスであることがわかる。主成分となるほどの影響力は持たないが，グループとして歴然と存在することがわかる。

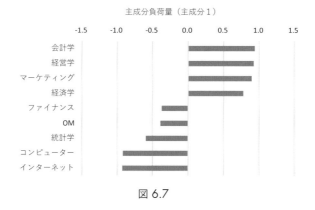

図 6.7

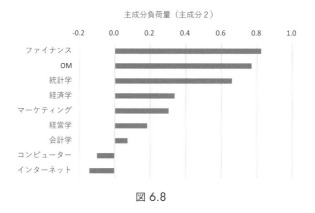

図 6.8

　これらの計算結果からわかることは，はじめに銀河の図（図6.5）と図6.6を
お見せしたが，図の一番長い軸の成分が会計学，経営学，マーケティング，経
済学にあたる。つまり，これらの科目の点数が，データ全体のばらつきを捉え
るのに最も説明力があるということである。そして，それに直交する軸にあた
るのが，ファイナンス，OM，統計学，コンピューター，インターネットであ
る。図6.9の主成分負荷量の図では，主成分1を横軸にとり主成分2を縦軸に
とったとき，明らかに3つのグループが読みとれる。

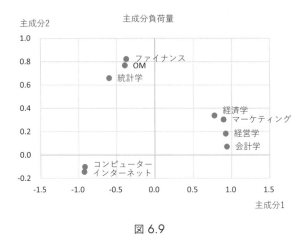

図 6.9

6.5　因子分析

　因子分析は説明変数が多くあるとき，その説明変数の背後にある共通の要因を取り出し，説明変数の数を減らそうとする統計の手法である。

　因子分析の最初の第一歩は，全分散の最大限のばらつきを説明するような変数の組み合わせを選ぶことである。この組み合わされた因子が第 1 因子である。次に，残りのばらつきから近似性の強いものを組み合わせ，第 2 因子を抽出する。同様に第 3 因子を抽出する。この手続きは分析者が指定した因子の数まで続けられる。

　因子が選ばれたら，次は軸を回転させる。元の因子構造が数学的に正しくても，それを解釈したり理解したりすることが困難なとき，回転してみると，意外なばらつきの形が見えてくることがある。図 6.10 は，左図のようにばらつきが混沌としていたのが，軸を回転させることにより，右図のように明らかに 2 つの軸によって全分散のばらつきが説明されることを表している。回転は簡単なわかりやすい構造，すなわち，1 つか 2 つで大部分のばらつきを説明でき，他の要因は極めて低いというのが望ましい因子分析である。コンピューターはこのような手続きをとって，因子分析を行っている。

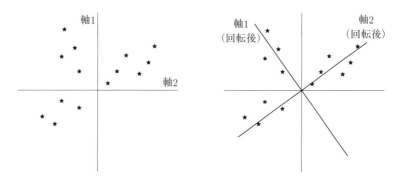

図 6.10
（出典：George, D. and Mallery, P., 2001）

　しかし，図 6.10 の右図のように，大量の因子について何か意味のある分類がされたとしても，それぞれの因子グループがどういう特徴を持つかはわからない。それはその分野の専門家が解釈して初めて意味を持つものであり，理解は簡単ではないことがある。その点では，因子分析は難しいともいえる。

　ここで，データの解釈に大きく役立つのは，最初の目視による相関行列の分類である。「どうも，この辺が強い関係性がありそうだ」という勘から出発することによって，より深い考察が可能になることが多い。

▓ 解析

　この節でもクラスター分析と主成分分析と同様，MBA プログラム（表6.1）のデータを用いて因子分析を行う。因子数は 3 と指定した。

相関行列

	経済学	経営学	会計学	マーケティング	統計学	OM	ファイナンス	コンピューター	インターネット
経済学	1	0.771	0.717	0.883	-0.217	-0.163	-0.012	-0.590	-0.617
経営学	0.771	1	0.862	0.868	-0.457	-0.260	-0.132	-0.834	-0.838
会計学	0.717	0.862	1	0.801	-0.559	-0.282	-0.244	-0.852	-0.894
マーケティング	0.883	0.868	0.801	1	-0.241	-0.190	-0.137	-0.814	-0.824
統計学	-0.217	-0.457	-0.559	-0.241	1	0.627	0.664	0.458	0.462
OM	-0.163	-0.260	-0.282	-0.190	0.627	1	0.682	0.202	0.145
ファイナンス	-0.012	-0.132	-0.244	-0.137	0.664	0.682	1	0.300	0.267
コンピューター	-0.590	-0.834	-0.852	-0.814	0.458	0.202	0.300	1	0.977
インターネット	-0.617	-0.838	-0.894	-0.824	0.462	0.145	0.267	0.977	1

　まず，主成分分析と同様，相関行列から見てみよう。相関行列を見ると科目間の相関の度合いがよくわかる。因子分析は，相関行列の分析から始まると言っても過言ではない。

　左上から右下に向かって対角線上に 1 が並んでおり，その対角線の右上と左下には対称的に同じ数字が並ぶ。したがって対角線の左下半分だけに注目して考えてみよう。

　ここでは，相関行列表で 0.6 より大きな数字を囲んでいる。通常，足切りは0.5 を使うが，この場合は，0.5 以上では選ばれるサンプルが多すぎるように思うので 0.6 以上にしてみた。そうすると互いに強い相関関係にある変数がわかる。コンピューターもこの相関関係から，より複雑な計算をして近似性の強いグループを見つけ出すのである。

　固有値は主成分分析で説明した考え方だが，簡単に言えば，それぞれの変数が全体のばらつきをどのくらい説明しているかを表すものである。ここでは上から 3 番目までの固有値が群を抜いて大きな数字となっているので，この 3 つの要因が全体のばらつきの大部分を占めていることがわかる。そして

固有値

No.	固有値	寄与率	累積
1	5.49	60.99%	60.99%
2	1.98	21.98%	82.98%
3	0.64	7.14%	90.12%
4	0.39	4.34%	94.46%
5	0.25	2.74%	97.20%
6	0.13	1.40%	98.61%
7	0.08	0.85%	99.46%
8	0.04	0.39%	99.85%
9	0.01	0.15%	100.00%

寄与率は全体のばらつきに占める，ある変数のばらつきの割合を示している。この場合，最初の 3 つの変数で全体のばらつきの 90.12％を説明している。

　因子分析もクラスター分析や主成分分析と同様，数多くある説明変数を減らすことによって，より全体を理解しようとしているので，それが少々見えてきたと言える。

　二乗和は各因子の説明力で，寄与率はそれぞれの因子が全体に影響する度合いを表す。主成分分析と違って累積寄与率は 100％にはならない。クラスター分析や主成分分析では，指定したグループの数で全体をグループ分けするが，因子分析では指定した因子数が 3 ならば，上から 3 つの因子グループで説明できる割合を示すので，累積寄与率は 100％にならないのである。ここでは，指定した因子数が 3 なので，3 つの因子で説明できるのは 85.05％ということである。

二乗和（回転前）

因子No.	二乗和	寄与率	累積
1	5.40	59.98%	59.98%
2	1.74	19.29%	79.27%
3	0.52	5.78%	85.05%

因子負荷量

	因子1	因子2	因子3
経済学	-0.316	0.882	-0.027
経営学	-0.638	0.655	-0.172
会計学	-0.719	0.534	-0.263
マーケティング	-0.555	0.790	-0.061
統計学	0.356	-0.079	0.785
OM	-0.034	-0.185	0.819
ファイナンス	0.152	0.066	0.823
コンピューター	0.887	-0.358	0.192
インターネット	0.912	-0.368	0.151

　因子負荷量とは各因子が各変数にどのぐらい影響を与えているかということである。上の因子負荷量の表では，まず初めに因子1のグループの中で，数字の値が大きい順に並び変える。そのとき，どこまで入れるかの足切りはこの分析を行う人が決める。例えば 0.5 以上と決めたら，0.5 以上の科目を因子1に入れる。残りの科目も大きい順に並び変え 0.5 以上を因子2に入れる。同様な手続きを因子3にも行う。そうしてできたのが次のようなテーブルとなる。

因子負荷量

	因子1	因子2	因子3
インターネット	0.912		
コンピューター	0.887		
経済学		0.882	
マーケティング		0.790	
経営学		0.655	
会計学		0.534	
ファイナンス			0.823
OM			0.819
統計学			0.785

　因子負荷量によって，強い相関関係を持つ変数のグループが集められた。因子負荷量の元のテーブルとそこから選び出したテーブルによって，明確な因子グループが見えてきた。これは非常にパワフルな分類方法である。さらに，図6.11 のように因子負荷量をプロットしてみると，ここでも，この3グループが明確に3つの塊として示されている。

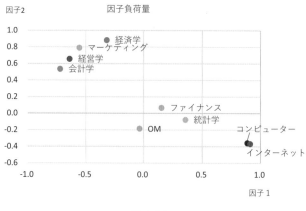

図 6.11

　因子得点は主成分得点と同様に，各サンプルの特徴を表している。つまり，因子 1，2，3 のグループにおいて，それぞれのサンプルが，その得点を高めるのにどのくらい寄与しているかということである。たとえば，ナンバー 11（学生 K）は因子 1 の得点が 1.847 で，因子 1 の中で因子得点が一番大きい。表 6.1 を見てみると，コンピューターで 95 点，インターネットで 94 点と，因子 1（インターネット，コンピューター）の中で一番良い成績であることがわかる。

　因子得点は 20 ものサンプルがばらばらであるのに対して，因子負荷量は変数をグ

因子得点

	因子 1	因子 2	因子 3
1	-1.590	-0.628	-0.584
2	-1.267	-0.061	-0.338
3	-0.338	0.999	-0.076
4	0.180	1.415	-0.040
5	-1.682	-1.647	-1.455
6	-0.124	0.277	-0.657
7	-0.374	-1.420	1.436
8	-0.286	-0.977	1.578
9	0.597	0.287	0.943
10	0.618	-0.623	0.779
11	1.847	0.398	-1.127
12	1.464	-0.179	-1.274
13	0.615	-1.363	-0.982
14	-0.559	1.007	-0.564
15	-0.926	1.007	-0.049
16	-0.051	1.309	-0.380
17	-0.962	1.441	1.232
18	1.134	-0.573	1.112
19	0.929	-0.158	0.729
20	0.774	-0.513	-0.283

ループ化することによって，全体像を表している。その違いは，図 6.11 と図 6.12 の散布図を比べても明らかである。

　因子分析は，第 1 グループはコンピューター関係，第 2 グループは経済学や会計学等の伝統的な文系の科目，第 3 グループは理系科目と，明確に 3 つの分類を分析者に示した。しかし，ここで，因子分析の回転軸の話を思い出しても

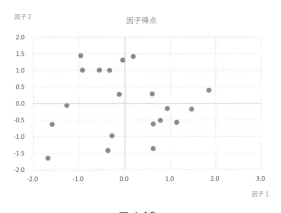

図 6.12

らいたい。それぞれの因子グループの特徴は，特定の分析者が深く考察しなければわからないと述べた。しかし，上記の例では3つのグループが現れて，誰の目にもその特徴は明らかである。というのも，これは説明のための例題であり，サンプルや変数はごく少なく簡単にしてあるため，このような結果となった。現実には，何百，何千というサンプルや変数を扱う場合が多く，そのときは，このようなきれいなラベル付けができる結果とはならないことを覚えていてほしい。そこで，目視などをはじめに行う習慣をつけることによって，全体観を養うことが大事になってくるわけである。

6.6 まとめ

　データの数が多くなると，それにつれて変数を多く入れていけば，モデルの説明力は強くなる。一方，説明変数が多くなればなるほど，データの全体の姿がわからなくなる。重回帰分析によって，説明変数が多くなる傾向にあるとき，データをある基準によってグループに分けることで変数を減らし，全体の姿が見えるようにしたい。この目的のための手法として，本章では，クラスター分析，主成分分析，因子分析を学んだ。

　AIなどの方法で大量のデータが解析されるようになったが，本章で学んだよ

うなシンプルな方法を用いれば，得られた結果が解釈しやすく，納得感のあるものになると思う。はじめ 9 科目の得点表からどの学生を採用したらよいかと戸惑っていた採用担当者にとって，強力な分類方法が与えられた。そこから，その会社がどのような分野で成長したいのかなどを考慮して，採用基準を決めることになるだろう。

　最後に，それぞれの手法がどのように違うのかまとめておこう。

クラスター分析：サンプル全体を 2 つや 3 つの，それぞれの特色を持ったグループに分けることができる。考え方がシンプルなので，最も使いやすいだろう。

主成分分析：サンプルではなく変数が分析の対象となる。変数間の相関関係が弱い場合には使えない。全体に縦軸と横軸を通すという考えなので，主成分は 1 つか 2 つ，せいぜい 3 つにしか分類できない。

因子分析：主成分分析と同様，変数間の相関関係による近似度に従って分類される。主成分分析は軸が固定化されているのに反し，因子分析は軸を回転させるという考え方に基づく。全体をいくつかに分類するのではなく，上から説明度の高い因子を，指定した数だけ採用する。したがって，指定した因子の数でデータの大部分が説明されないならば，因子分析は使えない。分類されたグループの特徴を解釈するのが簡単ではない。

　どれが一番，自分の目的に合うかを決めるためには，以上のようなことを念頭に置きつつ，いろいろ試してみることであろう。同じデータを扱っているのだから同じような結果になることは予想できるが，しかし，そこには微妙な違いが出てくる。全体的に見て，より目的にかなう結果を選べばよい。

吉田の
心得6-1

　これまで長い時間と集中力を注ぎ込んで，ここまで到達した貴方は自分を褒めなければならない。おめでとう。今後もじっくりと目標を定め，励んでほしい。

> **吉田の
> 心得6-2**
>
> 　拙著『直感的統計学』で学んでこられた読者は，データを見ただけで，だいたい平均値がどのくらいで標準偏差がどのくらいかわかるようになっておられるだろう。統計学は全体像をつかむのが大きな目的の一つであることを，高度な統計学の多変量解析を学んでみて，ますます実感されたと思う。そして統計学は親しみのある学問であり，直感的にアプローチすることが大事であることも，おわかりいただけたと希望する。

> **吉田の
> 心得6-3**
>
> 　私は統計学を学んだことで，全体観という考え方を身につけた。全体観には面的側面と線的側面がある。面的とは会社全体や社会全体という意味で，一方，線的とは長期にわたるということで，短視的な積み重ねとは対をなす。私の人生は長期戦だったとつくづく思う。その点で，私の感じていることを少々お話してみたい。
>
> 　日本の昔話で，兎と亀が山の頂上にむけて競争していくというものがある。ここでは兎が途中で昼寝をして，その間に亀が兎を追い越して先に頂上に着くという結末になっていたと思うが，そのバリエーションの話をしたい。多くの日本人，特に文科系の人は，大学受験にしのぎを削り，大学を卒業してからはほとんど勉強をしないようである。しかし，大学を卒業してからの年数は学校にいる年数に比べて圧倒的に長い。大学を卒業してからどれだけ勉強するかによって，先に行っている人を追い抜くことはできる。たとえて言うならば，短距離走者とマラソン走者のようなものである。短距離走が速い人がマラソンでも速いという話は聞いたことがない。短距離走者をマラソンの代表に選ぶならば，日本の社会は失うものが多いだろう。
>
> 　日本を代表する学者の集団である日本学術会議の会長は梶田隆章博士（2023年現在）で，博士はノーベル賞受賞者である。博士は埼玉大学を卒業されたそうだ。週刊誌に掲載された本人の弁では，京都大学を受験して失敗したとある。その人がノーベル賞をとり日本の学会のトップに立つということは，人生において何か失敗をして自分の将来はないと考える人々にとって，一つの大きな励ましになるであろう。
>
> 　孫子の兵法には「敵を知って，己を知れば百戦してあやうからず」という意味のことが書いてある。現代では「敵」はまわりの状況すべてを指すと考えてよい

だろう。私は米国の大学院に留学したが，ほとんど奨学金だけの収入に頼り，経済的にも精神的にも大変苦しい時期が長かった。そこで管理図のやり方で自分の現在の状況がどうなのかを主観的に 5 段階法で長期にわたってプロットしたことがある。その時わかったことは，私の人生には波があり，運が良いと思えるときと，非常に悪くて，私の人生もこれで終わりかなと思えるようなときがあるということであった。そしてさらにわかってきたのは，運が良いときも悪いときも長く続かないということである。運が良いと思うときは何をやってもうまくゆくが，運の悪いときは何をやってもうまくゆかないということだ。運が良いときは有頂天にならず，運の悪いときの準備をしたり，運の悪いときは地道に努力を怠らず，運が回ってくるのを辛抱強く待つのがよいようだ。

「私は賢いのではない。問題と長く付き合っているだけだ。」これはアイシュタインの名言とされるが，私は名言とは思わない。アイシュタインがそんなことを言っても，彼がべらぼうに頭が良かったのは事実だからだ。しかし，どの人も，自分の能力や環境に合った目標を立て，長くそれに向かって努力した人は必ずその分野において一目置かれる人になるということは信じている。若い人には，大いに期待するものである。

吉田の心得6-4

私は現在コンサルタントとして，企業内の「協調」を促進することを生業としている。「協調」も全体観の大事な要素である。「協調」という意味で私の好きな名言を最後にご紹介したい。今後のビジネスパーソンとして，ぜひ心に留めておいていただきたい。「もしも君と僕がリンゴを交換したら，持っているリンゴはやはり 1 つずつだ。でも，もし，君と僕がアイデアを交換したら，持っているアイデアは 2 つずつになる。」（ジョージ・バーナード・ショー）

確かにバーナード・ショーの言葉は名言だが，私はそれに追加したい。2 人の持っているアイデアは 2 ＋ a になるということである。それぞれのアイデアが化学反応を起こしてさらに新しいアイデアが生まれるからだ。それを組織的に行うようにしたのが CDGM 法である。CDGM 法に関しては，拙著『統計的思考による経営』（日経 BP 社）を参照されたい。

練習問題の略解

第1章　回帰分析（I）

1. (a) $Y = 1 + 0.8X$　(b) 総費用 = 6,600 ドル，利益 = 4,000 ドル　(c) 5,000 ド
 ル　(d) 1.095：X のデータが与えられたときの Y の値を推定するとき，この推定
 値の平均的な誤差を標準誤差という。この場合推定値の誤差が 1.095 よりも小さい
 確率は約 68.26% である。　(e) $r^2 = 0.64$，$r = +0.8$

2. 2016 年を $X = 0$ として，X を新しい尺度にしている。(a) $Y = 6 + 0.9X$　(b)
 8.7（百万ドル）　(c) 0.7956　(d) $r^2 = 0.81$，$r = +0.9$

3. 2016 年を $X = 0$ として，X を新しい尺度にしている。(a) $Y = 6 + 0.8X$　(b)
 9.2（百万円）　(c) 1.095　(d) $r^2 = 0.64$，$r = +0.8$

4. (a) $Y = 0.6 + 1X$　(b) $Y = 8.6$（%）　(c) 1.432　(d) $r^2 = 0.811$，$r \fallingdotseq 0.901$

5. (a) $Y = 1 + 0.5x$　(b) 総費用 = 6,000 ドル，利益 = 4,000 ドル　(c) 2,000 ドル
 (d) 1.58　(e) $r^2 = 0.25$，$r = +0.5$

6. (a) $Q = 5.1 - 0.5P$　(b) 2,100（室/日）　(c) 0.948　(d) $r^2 = 0.48$，$r \fallingdotseq -0.69$

7. (a) $Q = 13.4 - 0.8P$　(b) 7 百万台/年　(c) 1.095　(d) $P(4.8538 \leq y_i \leq 9.1462) = 0.95$　(e) $r^2 = 0.64$，$r = -0.8$

8. (a) $C = 1.5 + 0.5Y_d$　(b) 5.5（十億ドル）　(c) 1.58　(d) $r^2 = 0.25$，$r = 0.5$

9. (a) $Y = -2 + 1.8X$　(b) 12.4（百万ドル）　(c) 1.095　(d) 回帰線を用いて予測
 する場合に誤りがちな予測誤差の額である。　(e) $r^2 = 0.9$，$r = +0.95$　(f) 回
 帰線によって説明されるばらつきの，全ばらつきに占める割合である。

10. (a) $Y = 13 - 1.2X$　(b) 3.4（%）　(c) 1.459　(d) 練習問題 9(d) と同じ
 (e) $r^2 = 0.90$，$r = -0.948$　(f) 練習問題 9(f) と同じ

11. (a) $Y = -5.4 + 0.26X$　(b) 12.8（千ドル）　(c) 1.67　(d) $r^2 = 0.889$，$r = 0.94$

12. (a) (b) 省略　(c) $Y \fallingdotseq 1 + 8/9X$ または $Y \fallingdotseq 1 + 0.9X$　(d) 約 1
 (e) $r^2 \fallingdotseq 0.6$，$r = 0.77$　(f) これらの予想は上記の練習問題 1 の解答とかなり近い。

13. (a) (b) 省略　(c) $Y \fallingdotseq 1.1X$，$b_0 = 0$，$b_1 = 1.1$　(d) 約 1　(e) $r^2 \fallingdotseq 0.9$，
 $r = 0.949$　(f) スロープ b_1 は少々過大評価し，Se は少々過少評価した。これは
 $X = 8$ のとき比較的大きな誤差によって引き起こされた。

14. (a) (b) 省略　(c) $Y \fallingdotseq 15 - 1X$　(d) 約 1　(e) $r^2 \fallingdotseq 0.6$，$r = -0.77$
 (f) これらの推定はかなりよいと思われる。

15. (a) (b) 省略　(c) $Y = 13 - 13/11X$ または $Y \fallingdotseq 13 - 1.2X$　(d) 約 1
(e) $r^2 \fallingdotseq 0.8$, $r \fallingdotseq -0.89$　(f) データが X 軸に関して 3 から 10 までばらつき, また Y 軸に関しても 2 から 12 までばらついているにもかかわらず, 回帰線のまわりに極めて近寄っているので, Se を過小評価したようだ. また, 相関の度合いは非常に高いと予想されたが, 実際は予想を超えた.

第2章　回帰分析 (II)

1. (a) $Y = 2 + 0.5X$　(b) 6 (%)　(c) 0.351　(d) $5.242 \leq \hat{Y}_k \leq 6.758$
(e) $r^2 = 0.744$, $r = 0.863$　(f) $H_0 : \beta = 0$, $H_1 : \beta \neq 0$　(g) 省略
(h) $F = 37.92 > F_c = 4.67$ より, H_0 は棄却される. このモデルはよいモデルである.

2. (a) $Y = 2 + 0.75X$　(b) 8 (%)　(c) 0.291　(d) $7.371 \leq \hat{Y}_k \leq 8.629$
(e) $r^2 = 0.905$, $r = 0.9513$　(f) $H_0 : \beta = 0$, $H_1 : \beta \neq 0$　(g) 省略
(h) $F = 124.11 > F_c = 4.67$ より, H_0 は棄却される. このモデルはよいモデルである.

3. (a) $Y = 1270 + 11X$　(b) 1,303 (億円)　(c) $H_0 : \beta = 0$, $H_1 : \beta \neq 0$　(d) 省略　(e) 16.99　(f) $1203.76 \leq \hat{Y}_k \leq 1402.24$　(g) $r^2 = 0.606$, $r = 0.778$
(h) $F = 4.59 < F_c = 34.12$　より, H_0 は受容される.　(i) このモデルは適切でないモデルである.

4. (a) $Y = 255 + 0.5X$　(b) 257 (百万円)　(c) $H_0 : \beta = 0$, $H_1 : \beta_1 \neq 0$　(d) 省略　(e) 1.447　(f) $252.4 \leq \hat{Y}_k \leq 261.6$　(g) $r^2 = 0.417$, $r = 0.646$　(h) $F = 2.144 < F_c = 10.13$ より, H_0 は受容される.　(i) このモデルはよくないモデルである.

5. (a) $Y = 7.5 + 0.5X$　(b) $Y = 17.5$　(c) $H_0 : \beta_1 = 0$, $H_1 : \beta \neq 0$　(d) 省略　(e) 1.748　(f) $13.724 \leq \hat{Y}_k \leq 21.276$　(g) $r^2 = 0.625$, $r = 0.7905$
(h) $F = 21.67 > F_c = 4.67$ より, H_0 は棄却された.　(i) 計算された F の値は境界値と比べてはるかに大きいので, このモデルはかなりよいモデルである.

6. (a) $Y = 2 + 1.25X$　(b) $Y = 27$　(c) $H_0 : \beta_1 = 0$　$H_1 : \beta_1 \neq 0$
(d) 省略　(e) 0.933　(f) $25.04 \leq b_1 \leq 28.96$　(g) $r^2 = 0.9375$, $r = 0.968$
(h) $F = 270.017 > F_c = 8.28$ より, H_0 は棄却された.　(i) このモデルはかなりよいモデルである.

7. (a) $Y = 46 + 0.5X$　(b) 全費用 $= 206$ (百万円), 利益額 $= 114$ (百万円)
(c) 92 (百万円)　(d) $H_0 : \beta_1 = 0$, $H_1 : \beta_1 \neq 0$　(e) 省略　(f) 2.133
(g) $r^2 = 0.25$, $r = 0.5$　(h) $199.213 \leq b_1 \leq 212.787$　(i) H_0 は受容された.
(j) このモデルは適切でないモデルである.

8. 1) (a) $H_0 : \beta_1 = 0$, $H_1 : \beta_1 \neq 0$ (b) 0.081 (c) $t = 6.17$ (d) $t_c = 2.160$
(e) H_0 を棄却する。 2) $0.325 \leq b_1 \leq 0.675$ 3) 一貫している。

9. 1) (a) $H_0 : \beta_0 = 0$, $H_1 : \beta_0 \neq 0$ (b) 0.738 (c) $t = 0.699$ (d) $t_c = 2.710$ (e) H_0 を受容する。 2) $-1.094 \leq b_0 \leq 2.094$

10. (a) $\hat{Y}_k = 8$ (b) 0.479 (c) $t_c = 2.160$ (d) $6.965 \leq \hat{Y} \leq 9.036$

11. 1) (a) $H_0 : \beta_1 = 0$, $H_1 : \beta_1 \neq 0$ (b) 0.342 (c) $t = 1.46$ (d) $t_c = 3.182$ (e) H_0 を受容する。 2) $-0.588 \leq b_1 \leq 1.588$ 3) 一貫している。

12. (a) $H_0 : \beta_0 = 0$, $H_1 : \beta_0 \neq 0$ (b) 0.483 (c) $t = 1.035$ (d) $t_c = 3.182$
(e) H_0 を受容する。

13. (a) 256 (b) $t_c = 3.182$ (c) $253.337 \leq \mu_{Y|X} \leq 258.663$

第3章 重回帰分析

1. (a) $H_0 : b_1 = b_2 = 0$, $H_1 : b_1$ と b_2 の少なくとも一方が 0 ではない (b) $Y = -5/4 + 1/2X_1 + 5/4X_2$ (c) $r^2 = 0.875$ 全体のばらつきのうち 87.5% が回帰線によって説明されているということである。 (d) 省略 (e) $F_c = 19.00$ (f) $H_0 : b_1 = b_2 = 0$ は受容される。このモデルは改善すべきである。

2. (a) $Y = -3/2 + 1/2X_1 + 5/8X_2$ (b) $Y = 31/8 = 3.875$（百万台） (c) $H_0 : b_1 = b_2 = 0$, $H_1 : b_1$ と b_2 の少なくとも一方が 0 ではない (d) 省略 (e) 0.7905 (f) $r^2 = 0.875$ (g) $F = 7 < F_c = 19.00 : H_0$ は受容された。 (h) このモデルは Y の変動を説明するのに十分貢献していない。このモデルはあまりよいモデルではない。

3. (a) $Y = 387/38 - 20/38X_1 + 13/38X_2 = 10.184 - 0.526X_1 + 0.342X_2$ (b) $Y = 7.001$（千ポンド） (c) $H_0 : b_1 = b_2 = 0$, $H_1 : b_1$ と b_2 の少なくとも一方が 0 ではない (d) 省略 (e) Se $= 1.16$ (f) $r^2 = 0.7289$ (g) $F = 2.6886 < F_c = 19.00 : H_0$ は受容される。 (h) $-\Delta Y/\Delta X_1 = -(-20/38) = 20/38 = 0.526$（千ポンド） (i) F 値が境界値よりも非常に低く、このモデルはあまりよいモデルではない。

4. (a) $Y = 5.4 - 0.8X_1 + 0.667X_2$ (b) $Y = 7.004$（百万台） (c) $H_0 : b_1 = b_2 = 0$, $H_1 : b_1$ と b_2 の少なくとも一方が 0 ではない (d) 省略 (e) Se $= 0.683$ (f) $r^2 = 0.90666$ (g) $5.66532 \leq Y \leq 8.34268$ (h) $F = 9.7135 < F_c = 19.00 : H_0$ は受容された。 (i) 0.667（百万台） (j) このモデルはあまり適切でないモデルである。

5. (a) $Y = 215/38 - 17/19X_1 + 37/38X_2 = 5.658 - 0.8947X_1 + 0.9737X_2$ (b) $Y = 4.0266$ (c) 0.9737（百万ドル） (d) $H_0 : b_1 = b_2 = 0$, $H_1 : b_1$ と b_2 の少なくとも一方が 0 ではない (e) Se $= 6.387$ (f) $r^2 = 0.8646$, $r = +0.930$

(g) Se $= 0.973$ (h) $F = 6.387 < F_c = 99.00$：H_0 を受容する。   (i) r^2 が高いが F 値はあまり顕著に大きくない。ここではモデルがよいかどうか結論づけられない。恐らくもっとデータが必要であろう。

6. (a) $Y = -2.2611 + 1.5392X_1 + 0.5217X_2$ (b) 8.5392（万ドル）   (c) 1.5392（万ドル）   (d) $H_0: \beta_1 = \beta_2 = 0$，$H_1: b_1$ と b_2 の少なくとも一方が 0 ではない   (e) 省略   (f) $r^2 = 0.987$，$r = 0.993$ (g) Se $= 0.484$ (h) H_0 を受容する   (i) このモデルはよいモデルである。$r^2 = 0.987$ が非常に高く Se $= 0.484$ は比較的小さな数字だからである。 しかしデータ数が少ないので F 値が顕著に大きくはない。

7. (a) $Y = 5$ (b) Se $= 0.7905$ (c) $2.692 \leq Y_i \leq 7.308$

8. (a) $r_{12} = 0$，$r_{Y1} = 0.5$，$r_{Y2} = 0.7906$ (b) X_2 が最初にモデルに入れられるべきである。   (c) $r_{Y1 \cdot 2} = 0.818$，$r_{Y2 \cdot 1} = 0.913$，$r_{12 \cdot Y} = -0.745$ (d) X_2 が最初にモデルに入れられるべきである。   (e) その通り。

9. (a) $H_0: \beta_1 = 0$，$H_1: \beta_1 \neq 0$ (b) $S(b_1) = 0.250$ (c) H_0 を受容する。   (d) $H_0: \beta_2 = 0$，$H_1: \beta_2 \neq 0$ (e) $S(b_2) = 0.1976$ (f) H_0 を受容する。   (g) このモデルは適切でないモデルである。

10. (a) $Y = 7.001$ (b) Se $= 1.16$ (c) $3.614 \leq Y_i \leq 10.338$

11. (a) $r_{12} = -0.676$，$r_{Y1} = -0.8$，$r_{Y2} = 0.761$ (b) X_1 は最初にモデルに入れられるべきである。   (c) $r_{Y1 \cdot 2} = -0.597$，$r_{Y2 \cdot 1} = 0.498$，$r_{12 \cdot Y} = -0.172$ (d) X_1 は最初にモデルに入れられるべきである。   (e) 有望である。

12. (a) $H_0: \beta_1 = 0$，$H_1: \beta_1 \neq 0$ (b) $S(b_1) = 0.498$ (c) H_0 を受容する。   (d) $H_0: \beta_2 = 0$，$H_1: \beta_2 \neq 0$ (e) $S(b_2) = 0.421$ (f) H_0 を受容する。   (g) このモデルはあまり良くない。

13. (a) $Y = -1 + 0.5X_1 + 1.25X_2$ (b) 4.5（十億ドル）   (c) $H_0: \beta_1 = \beta_2 = 0$, $H_1: b_1$ と b_2 の少なくとも一方が 0 ではない   (d) 省略   (e) Se $= 0.791$ (f) $r^2 = 0.875$ (g) $1.096 \leq Y \leq 7.904$ (h) $F = 7 < F_c = 19.00$：H_0 を受容する。

14. (a) 1.25（十億ドル）   (b) $r_{12} = 0$，$r_{Y1} = 0.5$，$r_{Y2} = 0.791$ (c) X_2 が最初にモデルに入れられるべきである。   (d) $r_{Y1 \cdot 2} = 0.817$，$r_{Y2 \cdot 1} = 0.913$，$r_{12 \cdot Y} = -0.747$ (e) X_2 が最初にモデルに入れられるべきである。   (f) 練習問題 13 の (f) から，$r^2 = 0.875$ または $r = 0.935$。これからこのモデルは有望であると考えられる。しかし r_{Y2} がすでに高い (0.791) ので，その上にさらにあまりモデルの改善に貢献しそうではない。   (g) このモデルはあまりよくない。データポイントの数が少ないのに説明変数の数がやたらに多いからである。

第 5 章　一般化線形モデル

1. (a) $Y = 36/7 + 39/10t + 13/14t^2 = 5.143 + 3.9t + 0.929t^2$ (b) $F = 89.759$

(c) $F = 89.759 > F_c = 19$：帰無仮説 $b_1 = b_2 = 0$ を棄却する。 (d) $S(Y) = 0.9563$ (e) 25.204（億円） (f) $23.64 \le Y \le 26.766$ (g) $r^2 = 0.9889$

2. (a) $F = 45.97305$ (b) $F = 45.97 > F_c = 3.55$：H_0 を棄却する。ここで H_0：$\alpha = \beta = 0$, H_1：係数 (α, β) の少なくとも一方が 0 ではない (c) $r^2 = 0.8362884$, $S(Y) = 0.06532$

3. (a) $SS_{Reg} = 55.3347$ (b) $SS_{Res} = 48.7601$ (c) $F = 3.9719$ (d) $F = 3.9719 < F_c = 4.74$：H_0：$\alpha = \beta = 0$ を受容する。 (e) このモデルは全ばらつきを説明するのにあまり役に立っていない。すなわち，このモデルはあまりよくない。

4. (a) $Y = 9 + 6.2t + 2t^2$ (b) $Y = 45.6$（億円） (c) H_0：$b_1 = b_2 = 0$, H_1：b_1 と b_2 の少なくとも一方が 0 ではない (d) $F = 122.333$ (e) $Se = 1.3416$ (f) $r^2 = 0.992$, $r \fallingdotseq 0.996$ (g) $F = 122.333 > F_c = 19.00$：$H_0$ を棄却する。 (h) 非常に大きな F 値は Y の全ばらつきを説明するのに顕著に貢献している。

5. (a) $SS_T = 45.593167$ (b) $SS_{Res} = 3.0036777$ (c) $F = 5,076$ (d) $F = 5076 > F_c \fallingdotseq 6.70$：$H_0$ を棄却する。 (e) F 値が F_c に比べて非常に大きいので，このモデルは非常によいモデルである。

6. (a) $Y = 30 + 19t + 5t^2$ (b) $Y = 132$（億円） (c) H_0：$b_1 = b_2 = 0$, H_1：係数 (b_1, b_2) の少なくとも一方が 0 ではない (d) $F = 99$ (e) $Se \fallingdotseq 4.47$ (f) $r^2 = 0.99$, $r \fallingdotseq 0.995$ (g) $F = 99 > F_c = 19.00$：H_0 を棄却する。 (h) F 値と r^2 両方とも数値は極めて高く，標準誤差は販売データの水準に比べてかなり低い。したがって，このモデルは非常によいモデルである。

7. (a) $Y = 12.9474 - 2.8414X + 0.259X^2$ (b) $Y = 5.223$（億円） (c) H_0：$b_1 = b_2 = 0$, H_1：係数 (b_1, b_2) の少なくとも一方が 0 ではない (d) $F = 12.608$ (e) $S(Y) = 0.6099$ (f) $r^2 = 0.78$, $r = 0.88$ (g) $F = 12.608 > F_c = 9.55$：H_0 を棄却する。 (h) このモデルはよいモデルである。

8. (a) 省略 (b) $Y = -2 - 0.4X + X^2$ (c) 省略 (d) $Y = 10.6$（億円） (e) H_0：$b_1 = b_2 = 0$, H_1：係数 (b_1, b_2) の少なくとも一方が 0 ではない (f) $F = 39$ (g) $Se = 0.4472$ (h) $r^2 = 0.975$, $r = 0.987$ (i) $F = 39 > F_c = 19$：H_0 を棄却する。 (j) $9.724 < Y < 11.476$ (k) F 値がかなり高く r^2 も比較的高いのでこのモデルは非常によいモデルである。

9. (a) 40.19 分 (b) 8.7925 分 (c) $SS_T = 1.0463191$ (d) $SS_{Res} = 0.0022391$ (e) $F = 2797.642$ (f) F 値が非常に高く，r^2 も非常に高いので $k = 0$ は棄却される。 (g) このモデルは非常によいモデルである。

10. (a) $SS_{Reg} = 17.32067$ (b) $Y = 106.646$ (c) $F = 81933.16$ (d) $r^2 = 0.9999573$ (e) $Se = 0.0103$ (f) 1.0103 (g) H_0 を棄却する。 (h) 1.99% (i) このモデルは非常によいモデルである。

参考文献

内田 治・福島隆司 『例解多変量解析ガイド：EXCEL アドインソフトを利用して』東京図書，2011 年.

高橋 信・菅 民郎・内田 治 『文系にもよくわかる多変量解析』東京図書，2005 年.

本多正久・島田一明 『経営のための多変量解析法』産業能率短期大学出版部，1977 年.

蓑谷千凰彦 『計量経済学 第 2 版』多賀出版，2003 年.

森棟公夫 『計量経済学』新世社，2005 年.

涌井良幸・涌井貞美 『図解でわかる多変量解析』日本実業出版社，2001 年.

Anderson, Theodore W. "*The Statistical Analysis of Time Series*", John Wiley & Sons, 1971.

Box, George W. P. and Jenkins, Gwilym M. "*Time Series Analysis: Forecasting and Control*", Holden Day, 1976.

Chatfield, Christopher. "*The Analysis of Time Series: Theory and Practice*", Chapman and Hall, 1975.

Draper, Norman. R. and Smith, Harry. "*Applied Regression Analysis*", John Wiley & Sons, 1966.

Feller, William. "*An Introduction to Probability Theory and Its Applications 3rd ed.*", John Wiley & Sons, 1968.

Freund, John E. "*Mathematical Statistics*", Prentice Hall, Inc. Englewood, 1962.

George, Darren and Mallery, Paul. "*SPSS for Windows step by step, 3rd ed.*", Allyn and Bacon, 2001.

Granger, Clive W. J. and Hatanaka, Michio. "*Spectral Analysis of Economic Time Series*", Princeton University Press, 1964.

Granger, Clive W. J. and Morgenstern, O. "*Predictability of Stock Market Prices*", Heath and Company, 1970.

Guenther, C. William. "*Analysis of Variance*", Prentice-Hall, Inc., Englewood Cliffs, 1964.

Intriligator, Michael D. *"Mathematical Optimization and Economic Theory"*, Prentice Hall, Englewood Cliffs, 1971.

Jenkins, Gwilym M. and Watts, Donald W. *"Spectral Analysis and its applications"*, Holden-Day, 1968.

Larson, Harold J. *"Introduction to Probability Theory and Inference"*, John Wiley & Sons, 1969.

Makridakis, S., Wheelwright, Steven C. and McGee, Victor E. *"Forecasting: Methods and Applications 2nd ed."*, John Wiley & Sons, 1983.

McCleary, Richard and Hay, Richard A. *"Applied Time Series Analysis for the Social Sciences"*, Sage Publications, 1980.

Morrison, Donald F. *"Multivariate Statistical Method"*, McGraw-Hill Book Company, 1967.

Theil, Henri. *"Principles of Econometrics"*, John Wiley & Sons, 1971.

付表 1　Z テーブル

$$I(z) = P(Z < z)$$

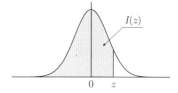

z	0.00	0.01	0.02	0.03	0.04	0.05	0.06	0.07	0.08	0.09
0.0	0.5000	0.5040	0.5080	0.5120	0.5160	0.5199	0.5239	0.5279	0.5319	0.5359
0.1	0.5398	0.5438	0.5478	0.5517	0.5557	0.5596	0.5636	0.5675	0.5714	0.5753
0.2	0.5793	0.5832	0.5871	0.5910	0.5948	0.5987	0.6026	0.6064	0.6103	0.6141
0.3	0.6179	0.6217	0.6255	0.6293	0.6331	0.6368	0.6406	0.6443	0.6480	0.6517
0.4	0.6554	0.6591	0.6628	0.6664	0.6700	0.6736	0.6772	0.6808	0.6844	0.6879
0.5	0.6915	0.6950	0.6985	0.7019	0.7054	0.7088	0.7123	0.7157	0.7190	0.7224
0.6	0.7257	0.7291	0.7324	0.7357	0.7389	0.7422	0.7454	0.7486	0.7517	0.7549
0.7	0.7580	0.7611	0.7642	0.7673	0.7704	0.7734	0.7764	0.7794	0.7823	0.7852
0.8	0.7881	0.7910	0.7939	0.7967	0.7995	0.8023	0.8051	0.8078	0.8106	0.8133
0.9	0.8159	0.8186	0.8212	0.8238	0.8264	0.8289	0.8315	0.8340	0.8365	0.8389
1.0	0.8413	0.8438	0.8461	0.8485	0.8508	0.8531	0.8554	0.8577	0.8599	0.8621
1.1	0.8643	0.8665	0.8686	0.8708	0.8729	0.8749	0.8770	0.8790	0.8810	0.8830
1.2	0.8849	0.8869	0.8888	0.8907	0.8925	0.8944	0.8962	0.8980	0.8997	0.9015
1.3	0.9032	0.9049	0.9066	0.9082	0.9099	0.9115	0.9131	0.9147	0.9162	0.9177
1.4	0.9192	0.9207	0.9222	0.9236	0.9251	0.9265	0.9279	0.9292	0.9306	0.9319
1.5	0.9332	0.9345	0.9357	0.9370	0.9382	0.9394	0.9406	0.9418	0.9429	0.9441
1.6	0.9452	0.9463	0.9474	0.9484	0.9495	0.9505	0.9515	0.9525	0.9535	0.9545
1.7	0.9554	0.9564	0.9573	0.9582	0.9591	0.9599	0.9608	0.9616	0.9625	0.9633
1.8	0.9641	0.9649	0.9656	0.9664	0.9671	0.9678	0.9686	0.9693	0.9699	0.9706
1.9	0.9713	0.9719	0.9726	0.9732	0.9738	0.9744	0.9750	0.9756	0.9761	0.9767
2.0	0.9772	0.9778	0.9783	0.9788	0.9793	0.9798	0.9803	0.9808	0.9812	0.9817
2.1	0.9821	0.9826	0.9830	0.9834	0.9838	0.9842	0.9846	0.9850	0.9854	0.9857
2.2	0.9861	0.9864	0.9868	0.9871	0.9875	0.9878	0.9881	0.9884	0.9887	0.9890
2.3	0.9893	0.9896	0.9898	0.9901	0.9904	0.9906	0.9909	0.9911	0.9913	0.9916
2.4	0.9918	0.9920	0.9922	0.9925	0.9927	0.9929	0.9931	0.9932	0.9934	0.9936
2.5	0.9938	0.9940	0.9941	0.9943	0.9945	0.9946	0.9948	0.9949	0.9951	0.9952
2.6	0.9953	0.9955	0.9956	0.9957	0.9959	0.9960	0.9961	0.9962	0.9963	0.9964
2.7	0.9965	0.9966	0.9967	0.9968	0.9969	0.9970	0.9971	0.9972	0.9973	0.9974
2.8	0.9974	0.9975	0.9976	0.9977	0.9977	0.9978	0.9979	0.9979	0.9980	0.9981
2.9	0.9981	0.9982	0.9982	0.9983	0.9984	0.9984	0.9985	0.9985	0.9986	0.9986
3.0	0.9987	0.9987	0.9987	0.9988	0.9988	0.9989	0.9989	0.9989	0.9990	0.9990
3.1	0.9990	0.9991	0.9991	0.9991	0.9992	0.9992	0.9992	0.9992	0.9993	0.9993
3.2	0.9993	0.9993	0.9994	0.9994	0.9994	0.9994	0.9994	0.9995	0.9995	0.9995
3.3	0.9995	0.9995	0.9995	0.9996	0.9996	0.9996	0.9996	0.9996	0.9996	0.9997
3.4	0.9997	0.9997	0.9997	0.9997	0.9997	0.9997	0.9997	0.9997	0.9997	0.9998
3.5	0.9998	0.9998	0.9998	0.9998	0.9998	0.9998	0.9998	0.9998	0.9998	0.9998

上側 α 点

α	0.500	0.400	0.300	0.200	0.100	0.050	0.025	0.010	0.005	0.001
$z(\alpha)$	0.000	0.253	0.524	0.842	1.282	1.645	1.960	2.326	2.576	3.090

付表 2　F テーブル

自由度 (n_1, n_2) の F 分布の上側 α 点

$$P(F \geq F_{c, \alpha=0.01, n_1, n_2}) = \alpha$$

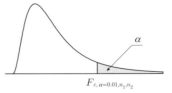

$F_{c, \alpha=0.01, n_1, n_2}$

$\alpha = 0.01$

n_2＼n_1	1	2	3	4	5	6	7	8	9
1	4052.18	4999.50	5403.35	5624.58	5763.65	5858.99	5928.36	5981.07	6022.47
2	98.5025	99.0000	99.1662	99.2494	99.2993	99.3326	99.3564	99.3742	99.3881
3	34.1162	30.8165	29.4567	28.7099	28.2371	27.9107	27.6717	27.4892	27.3452
4	21.1977	18.0000	16.6944	15.9770	15.5219	15.2069	14.9758	14.7989	14.6591
5	16.2582	13.2739	12.0600	11.3919	10.9670	10.6723	10.4555	10.2893	10.1578
6	13.7450	10.9248	9.7795	9.1483	8.7459	8.4661	8.2600	8.1017	7.9761
7	12.2464	9.5466	8.4513	7.8466	7.4604	7.1914	6.9928	6.8400	6.7188
8	11.2586	8.6491	7.5910	7.0061	6.6318	6.3707	6.1776	6.0289	5.9106
9	10.5614	8.0215	6.9919	6.4221	6.0569	5.8018	5.6129	5.4671	5.3511
10	10.0443	7.5594	6.5523	5.9943	5.6363	5.3858	5.2001	5.0567	4.9424
11	9.6460	7.2057	6.2167	5.6683	5.3160	5.0692	4.8861	4.7445	4.6315
12	9.3302	6.9266	5.9525	5.4120	5.0643	4.8206	4.6395	4.4994	4.3875
13	9.0738	6.7010	5.7394	5.2053	4.8616	4.6204	4.4410	4.3021	4.1911
14	8.8616	6.5149	5.5639	5.0354	4.6950	4.4558	4.2779	4.1399	4.0297
15	8.6831	6.3589	5.4170	4.8932	4.5556	4.3183	4.1415	4.0045	3.8948
16	8.5310	6.2262	5.2922	4.7726	4.4374	4.2016	4.0259	3.8896	3.7804
17	8.3997	6.1121	5.1850	4.6690	4.3359	4.1015	3.9267	3.7910	3.6822
18	8.2854	6.0129	5.0919	4.5790	4.2479	4.0146	3.8406	3.7054	3.5971
19	8.1849	5.9259	5.0103	4.5003	4.1708	3.9386	3.7653	3.6305	3.5225
20	8.0960	5.8489	4.9382	4.4307	4.1027	3.8714	3.6987	3.5644	3.4567
22	7.9454	5.7190	4.8166	4.3134	3.9880	3.7583	3.5867	3.4530	3.3458
24	7.8229	5.6136	4.7181	4.2184	3.8951	3.6667	3.4959	3.3629	3.2560
26	7.7213	5.5263	4.6366	4.1400	3.8183	3.5911	3.4210	3.2884	3.1818
28	7.6356	5.4529	4.5681	4.0740	3.7539	3.5276	3.3581	3.2259	3.1195
30	7.5625	5.3903	4.5097	4.0179	3.6990	3.4735	3.3045	3.1726	3.0665
32	7.4993	5.3363	4.4594	3.9695	3.6517	3.4269	3.2583	3.1267	3.0208
34	7.4441	5.2893	4.4156	3.9273	3.6106	3.3863	3.2182	3.0868	2.9810
36	7.3956	5.2479	4.3771	3.8903	3.5744	3.3507	3.1829	3.0517	2.9461
38	7.3525	5.2112	4.3430	3.8575	3.5424	3.3191	3.1516	3.0207	2.9151
40	7.3141	5.1785	4.3126	3.8283	3.5138	3.2910	3.1238	2.9930	2.8876
45	7.2339	5.1103	4.2492	3.7674	3.4544	3.2325	3.0658	2.9353	2.8301
50	7.1706	5.0566	4.1993	3.7195	3.4077	3.1864	3.0202	2.8900	2.7850
60	7.0771	4.9774	4.1259	3.6490	3.3389	3.1187	2.9530	2.8233	2.7185
70	7.0114	4.9219	4.0744	3.5996	3.2907	3.0712	2.9060	2.7765	2.6719
80	6.9627	4.8807	4.0363	3.5631	3.2550	3.0361	2.8713	2.7420	2.6374
90	6.9251	4.8491	4.0070	3.5350	3.2276	3.0091	2.8445	2.7154	2.6109
100	6.8953	4.8239	3.9837	3.5127	3.2059	2.9877	2.8233	2.6943	2.5898
∞	6.6349	4.6052	3.7816	3.3192	3.0173	2.8020	2.6393	2.5113	2.4073

$$\alpha = 0.01$$

10	15	20	25	30	35	40	50	100	∞
6055.85	6157.28	6208.73	6239.83	6260.65	6275.57	6286.78	6302.52	6334.11	6365.86
99.3992	99.4325	99.4492	99.4592	99.4658	99.4706	99.4742	99.4792	99.4892	99.4992
27.2287	26.8722	26.6898	26.5790	26.5045	26.4511	26.4108	26.3542	26.2402	26.1252
14.5459	14.1982	14.0196	13.9109	13.8377	13.7850	13.7454	13.6896	13.5770	13.4631
10.0510	9.7222	9.5526	9.4491	9.3793	9.3291	9.2912	9.2378	9.1299	9.0204
7.8741	7.5590	7.3958	7.2960	7.2285	7.1799	7.1432	7.0915	6.9867	6.8800
6.6201	6.3143	6.1554	6.0580	5.9920	5.9444	5.9084	5.8577	5.7547	5.6495
5.8143	5.5151	5.3591	5.2631	5.1981	5.1512	5.1156	5.0654	4.9633	4.8588
5.2565	4.9621	4.8080	4.7130	4.6486	4.6020	4.5666	4.5167	4.4150	4.3105
4.8491	4.5581	4.4054	4.3111	4.2469	4.2005	4.1653	4.1155	4.0137	3.9090
4.5393	4.2509	4.0990	4.0051	3.9411	3.8948	3.8596	3.8097	3.7077	3.6024
4.2961	4.0096	3.8584	3.7647	3.7008	3.6544	3.6192	3.5692	3.4668	3.3608
4.1003	3.8154	3.6646	3.5710	3.5070	3.4606	3.4253	3.3752	3.2723	3.1654
3.9394	3.6557	3.5052	3.4116	3.3476	3.3010	3.2656	3.2153	3.1118	3.0040
3.8049	3.5222	3.3719	3.2782	3.2141	3.1674	3.1319	3.0814	2.9772	2.8684
3.6909	3.4089	3.2587	3.1650	3.1007	3.0539	3.0182	2.9675	2.8627	2.7528
3.5931	3.3117	3.1615	3.0676	3.0032	2.9563	2.9205	2.8694	2.7639	2.6530
3.5082	3.2273	3.0771	2.9831	2.9185	2.8714	2.8354	2.7841	2.6779	2.5660
3.4338	3.1533	3.0031	2.9089	2.8442	2.7969	2.7608	2.7093	2.6023	2.4893
3.3682	3.0880	2.9377	2.8434	2.7785	2.7310	2.6947	2.6430	2.5353	2.4212
3.2576	2.9779	2.8274	2.7328	2.6675	2.6197	2.5831	2.5308	2.4217	2.3055
3.1681	2.8887	2.7380	2.6430	2.5773	2.5292	2.4923	2.4395	2.3291	2.2107
3.0941	2.8150	2.6640	2.5686	2.5026	2.4542	2.4170	2.3637	2.2519	2.1315
3.0320	2.7530	2.6017	2.5060	2.4397	2.3909	2.3535	2.2997	2.1867	2.0642
2.9791	2.7002	2.5487	2.4526	2.3860	2.3369	2.2992	2.2450	2.1307	2.0062
2.9335	2.6546	2.5029	2.4065	2.3395	2.2902	2.2523	2.1976	2.0821	1.9557
2.8938	2.6150	2.4629	2.3662	2.2990	2.2494	2.2112	2.1562	2.0396	1.9113
2.8589	2.5801	2.4278	2.3308	2.2633	2.2135	2.1751	2.1197	2.0019	1.8718
2.8281	2.5492	2.3967	2.2994	2.2317	2.1816	2.1430	2.0872	1.9684	1.8365
2.8005	2.5216	2.3689	2.2714	2.2034	2.1531	2.1142	2.0581	1.9383	1.8047
2.7432	2.4642	2.3109	2.2129	2.1443	2.0934	2.0542	1.9972	1.8751	1.7374
2.6981	2.4190	2.2652	2.1667	2.0976	2.0463	2.0066	1.9490	1.8248	1.6831
2.6318	2.3523	2.1978	2.0984	2.0285	1.9764	1.9360	1.8772	1.7493	1.6006
2.5852	2.3055	2.1504	2.0503	1.9797	1.9271	1.8861	1.8263	1.6954	1.5404
2.5508	2.2709	2.1153	2.0146	1.9435	1.8904	1.8489	1.7883	1.6548	1.4942
2.5243	2.2442	2.0882	1.9871	1.9155	1.8619	1.8201	1.7588	1.6231	1.4574
2.5033	2.2230	2.0666	1.9652	1.8933	1.8393	1.7972	1.7353	1.5977	1.4272
2.3209	2.0385	1.8783	1.7726	1.6964	1.6383	1.5923	1.5231	1.3581	1.0000

209

自由度 (n_1, n_2) の F 分布の上側 α 点

$$P(F \geq F_{c,\alpha=0.025,n_1,n_2}) = \alpha$$

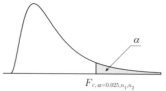

$F_{c,\alpha=0.025,n_1,n_2}$

$\alpha = 0.025$

n_2＼n_1	1	2	3	4	5	6	7	8	9
1	647.789	799.500	864.163	899.583	921.848	937.111	948.217	956.656	963.285
2	38.5063	39.0000	39.1655	39.2484	39.2982	39.3315	39.3552	39.3730	39.3869
3	17.4434	16.0441	15.4392	15.1010	14.8848	14.7347	14.6244	14.5399	14.4731
4	12.2179	10.6491	9.9792	9.6045	9.3645	9.1973	9.0741	8.9796	8.9047
5	10.0070	8.4336	7.7636	7.3879	7.1464	6.9777	6.8531	6.7572	6.6811
6	8.8131	7.2599	6.5988	6.2272	5.9876	5.8198	5.6955	5.5996	5.5234
7	8.0727	6.5415	5.8898	5.5226	5.2852	5.1186	4.9949	4.8993	4.8232
8	7.5709	6.0595	5.4160	5.0526	4.8173	4.6517	4.5286	4.4333	4.3572
9	7.2093	5.7147	5.0781	4.7181	4.4844	4.3197	4.1970	4.1020	4.0260
10	6.9367	5.4564	4.8256	4.4683	4.2361	4.0721	3.9498	3.8549	3.7790
11	6.7241	5.2559	4.6300	4.2751	4.0440	3.8807	3.7586	3.6638	3.5879
12	6.5538	5.0959	4.4742	4.1212	3.8911	3.7283	3.6065	3.5118	3.4358
13	6.4143	4.9653	4.3472	3.9959	3.7667	3.6043	3.4827	3.3880	3.3120
14	6.2979	4.8567	4.2417	3.8919	3.6634	3.5014	3.3799	3.2853	3.2093
15	6.1995	4.7650	4.1528	3.8043	3.5764	3.4147	3.2934	3.1987	3.1227
16	6.1151	4.6867	4.0768	3.7294	3.5021	3.3406	3.2194	3.1248	3.0488
17	6.0420	4.6189	4.0112	3.6648	3.4379	3.2767	3.1556	3.0610	2.9849
18	5.9781	4.5597	3.9539	3.6083	3.3820	3.2209	3.0999	3.0053	2.9291
19	5.9216	4.5075	3.9034	3.5587	3.3327	3.1718	3.0509	2.9563	2.8801
20	5.8715	4.4613	3.8587	3.5147	3.2891	3.1283	3.0074	2.9128	2.8365
22	5.7863	4.3828	3.7829	3.4401	3.2151	3.0546	2.9338	2.8392	2.7628
24	5.7166	4.3187	3.7211	3.3794	3.1548	2.9946	2.8738	2.7791	2.7027
26	5.6586	4.2655	3.6697	3.3289	3.1048	2.9447	2.8240	2.7293	2.6528
28	5.6096	4.2205	3.6264	3.2863	3.0626	2.9027	2.7820	2.6872	2.6106
30	5.5675	4.1821	3.5894	3.2499	3.0265	2.8667	2.7460	2.6513	2.5746
32	5.5311	4.1488	3.5573	3.2185	2.9953	2.8356	2.7150	2.6202	2.5434
34	5.4993	4.1197	3.5293	3.1910	2.9680	2.8085	2.6878	2.5930	2.5162
36	5.4712	4.0941	3.5047	3.1668	2.9440	2.7846	2.6639	2.5691	2.4922
38	5.4463	4.0713	3.4828	3.1453	2.9227	2.7633	2.6427	2.5478	2.4710
40	5.4239	4.0510	3.4633	3.1261	2.9037	2.7444	2.6238	2.5289	2.4519
45	5.3773	4.0085	3.4224	3.0860	2.8640	2.7048	2.5842	2.4892	2.4122
50	5.3403	3.9749	3.3902	3.0544	2.8327	2.6736	2.5530	2.4579	2.3808
60	5.2856	3.9253	3.3425	3.0077	2.7863	2.6274	2.5068	2.4117	2.3344
70	5.2470	3.8903	3.3090	2.9748	2.7537	2.5949	2.4743	2.3791	2.3017
80	5.2184	3.8643	3.2841	2.9504	2.7295	2.5708	2.4502	2.3549	2.2775
90	5.1962	3.8443	3.2649	2.9315	2.7109	2.5522	2.4316	2.3363	2.2588
100	5.1786	3.8284	3.2496	2.9166	2.6961	2.5374	2.4168	2.3215	2.2439
∞	5.0239	3.6889	3.1161	2.7858	2.5665	2.4082	2.2875	2.1918	2.1136

$$\alpha = 0.025$$

10	15	20	25	30	35	40	50	100	∞
968.627	984.867	993.103	998.081	1001.41	1003.80	1005.60	1008.12	1013.17	1018.26
39.3980	39.4313	39.4479	39.4579	39.4646	39.4693	39.4729	39.4779	39.4879	39.4979
14.4189	14.2527	14.1674	14.1155	14.0805	14.0554	14.0365	14.0099	13.9563	13.9021
8.8439	8.6565	8.5599	8.5010	8.4613	8.4327	8.4111	8.3808	8.3195	8.2573
6.6192	6.4277	6.3286	6.2679	6.2269	6.1973	6.1750	6.1436	6.0800	6.0153
5.4613	5.2687	5.1684	5.1069	5.0652	5.0352	5.0125	4.9804	4.9154	4.8491
4.7611	4.5678	4.4667	4.4045	4.3624	4.3319	4.3089	4.2763	4.2101	4.1423
4.2951	4.1012	3.9995	3.9367	3.8940	3.8632	3.8398	3.8067	3.7393	3.6702
3.9639	3.7694	3.6669	3.6035	3.5604	3.5292	3.5055	3.4719	3.4034	3.3329
3.7168	3.5217	3.4185	3.3546	3.3110	3.2794	3.2554	3.2214	3.1517	3.0798
3.5257	3.3299	3.2261	3.1616	3.1176	3.0856	3.0613	3.0268	2.9561	2.8828
3.3736	3.1772	3.0728	3.0077	2.9633	2.9309	2.9063	2.8714	2.7996	2.7249
3.2497	3.0527	2.9477	2.8821	2.8372	2.8046	2.7797	2.7443	2.6715	2.5955
3.1469	2.9493	2.8437	2.7777	2.7324	2.6994	2.6742	2.6384	2.5646	2.4872
3.0602	2.8621	2.7559	2.6894	2.6437	2.6104	2.5850	2.5488	2.4739	2.3953
2.9862	2.7875	2.6808	2.6138	2.5678	2.5342	2.5085	2.4719	2.3961	2.3163
2.9222	2.7230	2.6158	2.5484	2.5020	2.4681	2.4422	2.4053	2.3285	2.2474
2.8664	2.6667	2.5590	2.4912	2.4445	2.4103	2.3842	2.3468	2.2692	2.1869
2.8172	2.6171	2.5089	2.4408	2.3937	2.3593	2.3329	2.2952	2.2167	2.1333
2.7737	2.5731	2.4645	2.3959	2.3486	2.3139	2.2873	2.2493	2.1699	2.0853
2.6998	2.4984	2.3890	2.3198	2.2718	2.2366	2.2097	2.1710	2.0901	2.0032
2.6396	2.4374	2.3273	2.2574	2.2090	2.1733	2.1460	2.1067	2.0243	1.9353
2.5896	2.3867	2.2759	2.2054	2.1565	2.1205	2.0928	2.0530	1.9691	1.8781
2.5473	2.3438	2.2324	2.1615	2.1121	2.0757	2.0477	2.0073	1.9221	1.8291
2.5112	2.3072	2.1952	2.1237	2.0739	2.0372	2.0089	1.9681	1.8816	1.7867
2.4799	2.2754	2.1629	2.0910	2.0408	2.0037	1.9752	1.9339	1.8462	1.7495
2.4526	2.2476	2.1346	2.0623	2.0118	1.9744	1.9456	1.9039	1.8151	1.7166
2.4286	2.2231	2.1097	2.0370	1.9862	1.9485	1.9194	1.8773	1.7874	1.6873
2.4072	2.2014	2.0875	2.0145	1.9634	1.9254	1.8961	1.8536	1.7627	1.6609
2.3882	2.1819	2.0677	1.9943	1.9429	1.9047	1.8752	1.8324	1.7405	1.6371
2.3483	2.1412	2.0262	1.9521	1.9000	1.8613	1.8313	1.7876	1.6935	1.5864
2.3168	2.1090	1.9933	1.9186	1.8659	1.8267	1.7963	1.7520	1.6558	1.5452
2.2702	2.0613	1.9445	1.8687	1.8152	1.7752	1.7440	1.6985	1.5990	1.4821
2.2374	2.0277	1.9100	1.8334	1.7792	1.7386	1.7069	1.6604	1.5581	1.4357
2.2130	2.0026	1.8843	1.8071	1.7523	1.7112	1.6790	1.6318	1.5271	1.3997
2.1942	1.9833	1.8644	1.7867	1.7315	1.6899	1.6574	1.6095	1.5028	1.3710
2.1793	1.9679	1.8486	1.7705	1.7148	1.6729	1.6401	1.5917	1.4833	1.3473
2.0483	1.8326	1.7085	1.6259	1.5660	1.5201	1.4835	1.4284	1.2956	1.0000

自由度 (n_1, n_2) の F 分布の上側 α 点

$$P(F \geq F_{c, \alpha=0.05, n_1, n_2}) = \alpha$$

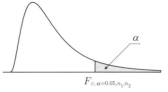

$\alpha = 0.05$

n_2 \ n_1	1	2	3	4	5	6	7	8	9
1	161.448	199.500	215.707	224.583	230.162	233.986	236.768	238.883	240.543
2	18.5128	19.0000	19.1643	19.2468	19.2964	19.3295	19.3532	19.3710	19.3848
3	10.1280	9.5521	9.2766	9.1172	9.0135	8.9406	8.8867	8.8452	8.8123
4	7.7086	6.9443	6.5914	6.3882	6.2561	6.1631	6.0942	6.0410	5.9988
5	6.6079	5.7861	5.4095	5.1922	5.0503	4.9503	4.8759	4.8183	4.7725
6	5.9874	5.1433	4.7571	4.5337	4.3874	4.2839	4.2067	4.1468	4.0990
7	5.5914	4.7374	4.3468	4.1203	3.9715	3.8660	3.7870	3.7257	3.6767
8	5.3177	4.4590	4.0662	3.8379	3.6875	3.5806	3.5005	3.4381	3.3881
9	5.1174	4.2565	3.8625	3.6331	3.4817	3.3738	3.2927	3.2296	3.1789
10	4.9646	4.1028	3.7083	3.4780	3.3258	3.2172	3.1355	3.0717	3.0204
11	4.8443	3.9823	3.5874	3.3567	3.2039	3.0946	3.0123	2.9480	2.8962
12	4.7472	3.8853	3.4903	3.2592	3.1059	2.9961	2.9134	2.8486	2.7964
13	4.6672	3.8056	3.4105	3.1791	3.0254	2.9153	2.8321	2.7669	2.7144
14	4.6001	3.7389	3.3439	3.1122	2.9582	2.8477	2.7642	2.6987	2.6458
15	4.5431	3.6823	3.2874	3.0556	2.9013	2.7905	2.7066	2.6408	2.5876
16	4.4940	3.6337	3.2389	3.0069	2.8524	2.7413	2.6572	2.5911	2.5377
17	4.4513	3.5915	3.1968	2.9647	2.8100	2.6987	2.6143	2.5480	2.4943
18	4.4139	3.5546	3.1599	2.9277	2.7729	2.6613	2.5767	2.5102	2.4563
19	4.3807	3.5219	3.1274	2.8951	2.7401	2.6283	2.5435	2.4768	2.4227
20	4.3512	3.4928	3.0984	2.8661	2.7109	2.5990	2.5140	2.4471	2.3928
22	4.3009	3.4434	3.0491	2.8167	2.6613	2.5491	2.4638	2.3965	2.3419
24	4.2597	3.4028	3.0088	2.7763	2.6207	2.5082	2.4226	2.3551	2.3002
26	4.2252	3.3690	2.9752	2.7426	2.5868	2.4741	2.3883	2.3205	2.2655
28	4.1960	3.3404	2.9467	2.7141	2.5581	2.4453	2.3593	2.2913	2.2360
30	4.1709	3.3158	2.9223	2.6896	2.5336	2.4205	2.3343	2.2662	2.2107
32	4.1491	3.2945	2.9011	2.6684	2.5123	2.3991	2.3127	2.2444	2.1888
34	4.1300	3.2759	2.8826	2.6499	2.4936	2.3803	2.2938	2.2253	2.1696
36	4.1132	3.2594	2.8663	2.6335	2.4772	2.3638	2.2771	2.2085	2.1526
38	4.0982	3.2448	2.8517	2.6190	2.4625	2.3490	2.2623	2.1936	2.1375
40	4.0847	3.2317	2.8387	2.6060	2.4495	2.3359	2.2490	2.1802	2.1240
45	4.0566	3.2043	2.8115	2.5787	2.4221	2.3083	2.2212	2.1521	2.0958
50	4.0343	3.1826	2.7900	2.5572	2.4004	2.2864	2.1992	2.1299	2.0734
60	4.0012	3.1504	2.7581	2.5252	2.3683	2.2541	2.1665	2.0970	2.0401
70	3.9778	3.1277	2.7355	2.5027	2.3456	2.2312	2.1435	2.0737	2.0166
80	3.9604	3.1108	2.7188	2.4859	2.3287	2.2142	2.1263	2.0564	1.9991
90	3.9469	3.0977	2.7058	2.4729	2.3157	2.2011	2.1131	2.0430	1.9856
100	3.9361	3.0873	2.6955	2.4626	2.3053	2.1906	2.1025	2.0323	1.9748
∞	3.8415	2.9957	2.6049	2.3719	2.2141	2.0986	2.0096	1.9384	1.8799

$\alpha = 0.05$

10	15	20	25	30	35	40	50	100	∞
241.882	245.950	248.013	249.260	250.095	250.693	251.143	251.774	253.041	254.314
19.3959	19.4291	19.4458	19.4558	19.4624	19.4672	19.4707	19.4757	19.4857	19.4957
8.7855	8.7029	8.6602	8.6341	8.6166	8.6039	8.5944	8.5810	8.5539	8.5264
5.9644	5.8578	5.8025	5.7687	5.7459	5.7294	5.7170	5.6995	5.6641	5.6281
4.7351	4.6188	4.5581	4.5209	4.4957	4.4775	4.4638	4.4444	4.4051	4.3650
4.0600	3.9381	3.8742	3.8348	3.8082	3.7889	3.7743	3.7537	3.7117	3.6689
3.6365	3.5107	3.4445	3.4036	3.3758	3.3557	3.3404	3.3189	3.2749	3.2298
3.3472	3.2184	3.1503	3.1081	3.0794	3.0586	3.0428	3.0204	2.9747	2.9276
3.1373	3.0061	2.9365	2.8932	2.8637	2.8422	2.8259	2.8028	2.7556	2.7067
2.9782	2.8450	2.7740	2.7298	2.6996	2.6776	2.6609	2.6371	2.5884	2.5379
2.8536	2.7186	2.6464	2.6014	2.5705	2.5480	2.5309	2.5066	2.4566	2.4045
2.7534	2.6169	2.5436	2.4977	2.4663	2.4433	2.4259	2.4010	2.3498	2.2962
2.6710	2.5331	2.4589	2.4123	2.3803	2.3570	2.3392	2.3138	2.2614	2.2064
2.6022	2.4630	2.3879	2.3407	2.3082	2.2845	2.2664	2.2405	2.1870	2.1307
2.5437	2.4034	2.3275	2.2797	2.2468	2.2227	2.2043	2.1780	2.1234	2.0658
2.4935	2.3522	2.2756	2.2272	2.1938	2.1694	2.1507	2.1240	2.0685	2.0096
2.4499	2.3077	2.2304	2.1815	2.1477	2.1229	2.1040	2.0769	2.0204	1.9604
2.4117	2.2686	2.1906	2.1413	2.1071	2.0821	2.0629	2.0354	1.9780	1.9168
2.3779	2.2341	2.1555	2.1057	2.0712	2.0458	2.0264	1.9986	1.9403	1.8780
2.3479	2.2033	2.1242	2.0739	2.0391	2.0135	1.9938	1.9656	1.9066	1.8432
2.2967	2.1508	2.0707	2.0196	1.9842	1.9581	1.9380	1.9092	1.8486	1.7831
2.2547	2.1077	2.0267	1.9750	1.9390	1.9124	1.8920	1.8625	1.8005	1.7330
2.2197	2.0716	1.9898	1.9375	1.9010	1.8740	1.8533	1.8233	1.7599	1.6906
2.1900	2.0411	1.9586	1.9057	1.8687	1.8414	1.8203	1.7898	1.7251	1.6541
2.1646	2.0148	1.9317	1.8782	1.8409	1.8132	1.7918	1.7609	1.6950	1.6223
2.1425	1.9920	1.9083	1.8544	1.8166	1.7886	1.7670	1.7356	1.6687	1.5943
2.1231	1.9720	1.8877	1.8334	1.7953	1.7670	1.7451	1.7134	1.6454	1.5694
2.1061	1.9543	1.8696	1.8149	1.7764	1.7478	1.7257	1.6936	1.6246	1.5471
2.0909	1.9386	1.8534	1.7983	1.7596	1.7307	1.7084	1.6759	1.6060	1.5271
2.0772	1.9245	1.8389	1.7835	1.7444	1.7154	1.6928	1.6600	1.5892	1.5089
2.0487	1.8949	1.8084	1.7522	1.7126	1.6830	1.6599	1.6264	1.5536	1.4700
2.0261	1.8714	1.7841	1.7273	1.6872	1.6571	1.6337	1.5995	1.5249	1.4383
1.9926	1.8364	1.7480	1.6902	1.6491	1.6183	1.5943	1.5590	1.4814	1.3893
1.9689	1.8117	1.7223	1.6638	1.6220	1.5906	1.5661	1.5300	1.4498	1.3529
1.9512	1.7932	1.7032	1.6440	1.6017	1.5699	1.5449	1.5081	1.4259	1.3247
1.9376	1.7789	1.6883	1.6286	1.5859	1.5537	1.5284	1.4910	1.4070	1.3020
1.9267	1.7675	1.6764	1.6163	1.5733	1.5407	1.5151	1.4772	1.3917	1.2832
1.8307	1.6664	1.5705	1.5061	1.4591	1.4229	1.3940	1.3501	1.2434	1.0000

213

付表 3　t テーブル

自由度 n の t 分布の上側 α 点

$$P(t \geq t_{c,\alpha,n}) = \alpha$$

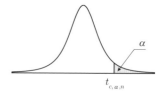

α $\backslash$ n	0.250	0.200	0.150	0.100	0.050	0.025	0.010	0.005	0.001
1	1.00000	1.37638	1.96261	3.07768	6.31375	12.70620	31.82052	63.65674	318.30884
2	0.81650	1.06066	1.38621	1.88562	2.91999	4.30265	6.96456	9.92484	22.32712
3	0.76489	0.97847	1.24978	1.63774	2.35336	3.18245	4.54070	5.84091	10.21453
4	0.74070	0.94096	1.18957	1.53321	2.13185	2.77645	3.74695	4.60409	7.17318
5	0.72669	0.91954	1.15577	1.47588	2.01505	2.57058	3.36493	4.03214	5.89343
6	0.71756	0.90570	1.13416	1.43976	1.94318	2.44691	3.14267	3.70743	5.20763
7	0.71114	0.89603	1.11916	1.41492	1.89458	2.36462	2.99795	3.49948	4.78529
8	0.70639	0.88889	1.10815	1.39682	1.85955	2.30600	2.89646	3.35539	4.50079
9	0.70272	0.88340	1.09972	1.38303	1.83311	2.26216	2.82144	3.24984	4.29681
10	0.69981	0.87906	1.09306	1.37218	1.81246	2.22814	2.76377	3.16927	4.14370
11	0.69745	0.87553	1.08767	1.36343	1.79588	2.20099	2.71808	3.10581	4.02470
12	0.69548	0.87261	1.08321	1.35622	1.78229	2.17881	2.68100	3.05454	3.92963
13	0.69383	0.87015	1.07947	1.35017	1.77093	2.16037	2.65031	3.01228	3.85198
14	0.69242	0.86805	1.07628	1.34503	1.76131	2.14479	2.62449	2.97684	3.78739
15	0.69120	0.86624	1.07353	1.34061	1.75305	2.13145	2.60248	2.94671	3.73283
16	0.69013	0.86467	1.07114	1.33676	1.74588	2.11991	2.58349	2.92078	3.68615
17	0.68920	0.86328	1.06903	1.33338	1.73961	2.10982	2.56693	2.89823	3.64577
18	0.68836	0.86205	1.06717	1.33039	1.73406	2.10092	2.55238	2.87844	3.61048
19	0.68762	0.86095	1.06551	1.32773	1.72913	2.09302	2.53948	2.86093	3.57940
20	0.68695	0.85996	1.06402	1.32534	1.72472	2.08596	2.52798	2.84534	3.55181
21	0.68635	0.85907	1.06267	1.32319	1.72074	2.07961	2.51765	2.83136	3.52715
22	0.68581	0.85827	1.06145	1.32124	1.71714	2.07387	2.50832	2.81876	3.50499
23	0.68531	0.85753	1.06034	1.31946	1.71387	2.06866	2.49987	2.80734	3.48496
24	0.68485	0.85686	1.05932	1.31784	1.71088	2.06390	2.49216	2.79694	3.46678
25	0.68443	0.85624	1.05838	1.31635	1.70814	2.05954	2.48511	2.78744	3.45019
26	0.68404	0.85567	1.05752	1.31497	1.70562	2.05553	2.47863	2.77871	3.43500
27	0.68368	0.85514	1.05673	1.31370	1.70329	2.05183	2.47266	2.77068	3.42103
28	0.68335	0.85465	1.05599	1.31253	1.70113	2.04841	2.46714	2.76326	3.40816
29	0.68304	0.85419	1.05530	1.31143	1.69913	2.04523	2.46202	2.75639	3.39624
30	0.68276	0.85377	1.05466	1.31042	1.69726	2.04227	2.45726	2.75000	3.38518
35	0.68156	0.85201	1.05202	1.30621	1.68957	2.03011	2.43772	2.72381	3.34005
40	0.68067	0.85070	1.05005	1.30308	1.68385	2.02108	2.42326	2.70446	3.30688
45	0.67998	0.84968	1.04852	1.30065	1.67943	2.01410	2.41212	2.68959	3.28148
50	0.67943	0.84887	1.04729	1.29871	1.67591	2.00856	2.40327	2.67779	3.26141
∞	0.67449	0.84162	1.03643	1.28155	1.64485	1.95996	2.32635	2.57583	3.09023

$n = \infty$ は標準正規分布である．

付表 4　自然対数表　$\log_e A$

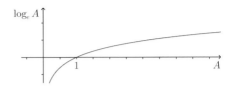

A	0	0.01	0.02	0.03	0.04	0.05	0.06	0.07	0.08	0.09
1.0	0.00000	0.00995	0.01980	0.02956	0.03922	0.04879	0.05827	0.06766	0.07696	0.08618
1.1	0.09531	0.10436	0.11333	0.12222	0.13103	0.13976	0.14842	0.15700	0.16551	0.17395
1.2	0.18232	0.19062	0.19885	0.20701	0.21511	0.22314	0.23111	0.23902	0.24686	0.25464
1.3	0.26236	0.27003	0.27763	0.28518	0.29267	0.30010	0.30748	0.31481	0.32208	0.32930
1.4	0.33647	0.34359	0.35066	0.35767	0.36464	0.37156	0.37844	0.38526	0.39204	0.39878
1.5	0.40547	0.41211	0.41871	0.42527	0.43178	0.43825	0.44469	0.45108	0.45742	0.46373
1.6	0.47000	0.47623	0.48243	0.48858	0.49470	0.50078	0.50682	0.51282	0.51879	0.52473
1.7	0.53063	0.53649	0.54232	0.54812	0.55389	0.55962	0.56531	0.57098	0.57661	0.58222
1.8	0.58779	0.59333	0.59884	0.60432	0.60977	0.61519	0.62058	0.62594	0.63127	0.63658
1.9	0.64185	0.64710	0.65233	0.65752	0.66269	0.66783	0.67294	0.67803	0.68310	0.68813
2.0	0.69315	0.69813	0.70310	0.70804	0.71295	0.71784	0.72271	0.72755	0.73237	0.73716
2.1	0.74194	0.74669	0.75142	0.75612	0.76081	0.76547	0.77011	0.77473	0.77932	0.78390
2.2	0.78846	0.79299	0.79751	0.80200	0.80648	0.81093	0.81536	0.81978	0.82418	0.82855
2.3	0.83291	0.83725	0.84157	0.84587	0.85015	0.85442	0.85866	0.86289	0.86710	0.87129
2.4	0.87547	0.87963	0.88377	0.88789	0.89200	0.89609	0.90016	0.90422	0.90826	0.91228
2.5	0.91629	0.92028	0.92426	0.92822	0.93216	0.93609	0.94001	0.94391	0.94779	0.95166
2.6	0.95551	0.95935	0.96317	0.96698	0.97078	0.97456	0.97833	0.98208	0.98582	0.98954
2.7	0.99325	0.99695	1.00063	1.00430	1.00796	1.01160	1.01523	1.01885	1.02245	1.02604
2.8	1.02962	1.03318	1.03674	1.04028	1.04380	1.04732	1.05082	1.05431	1.05779	1.06126
2.9	1.06471	1.06815	1.07158	1.07500	1.07841	1.08181	1.08519	1.08856	1.09192	1.09527
3.0	1.09861	1.10194	1.10526	1.10856	1.11186	1.11514	1.11841	1.12168	1.12493	1.12817
3.1	1.13140	1.13462	1.13783	1.14103	1.14422	1.14740	1.15057	1.15373	1.15688	1.16002
3.2	1.16315	1.16627	1.16938	1.17248	1.17557	1.17865	1.18173	1.18479	1.18784	1.19089
3.3	1.19392	1.19695	1.19996	1.20297	1.20597	1.20896	1.21194	1.21491	1.21788	1.22083
3.4	1.22378	1.22671	1.22964	1.23256	1.23547	1.23837	1.24127	1.24415	1.24703	1.24990
3.5	1.25276	1.25562	1.25846	1.26130	1.26413	1.26695	1.26976	1.27257	1.27536	1.27815
3.6	1.28093	1.28371	1.28647	1.28923	1.29198	1.29473	1.29746	1.30019	1.30291	1.30563
3.7	1.30833	1.31103	1.31372	1.31641	1.31909	1.32176	1.32442	1.32708	1.32972	1.33237
3.8	1.33500	1.33763	1.34025	1.34286	1.34547	1.34807	1.35067	1.35325	1.35584	1.35841
3.9	1.36098	1.36354	1.36609	1.36864	1.37118	1.37372	1.37624	1.37877	1.38128	1.38379
4.0	1.38629	1.38879	1.39128	1.39377	1.39624	1.39872	1.40118	1.40364	1.40610	1.40854
4.1	1.41099	1.41342	1.41585	1.41828	1.42070	1.42311	1.42552	1.42792	1.43031	1.43270
4.2	1.43508	1.43746	1.43984	1.44220	1.44456	1.44692	1.44927	1.45161	1.45395	1.45629
4.3	1.45862	1.46094	1.46326	1.46557	1.46787	1.47018	1.47247	1.47476	1.47705	1.47933
4.4	1.48160	1.48387	1.48614	1.48840	1.49065	1.49290	1.49515	1.49739	1.49962	1.50185
4.5	1.50408	1.50630	1.50851	1.51072	1.51293	1.51513	1.51732	1.51951	1.52170	1.52388
4.6	1.52606	1.52823	1.53039	1.53256	1.53471	1.53687	1.53902	1.54116	1.54330	1.54543
4.7	1.54756	1.54969	1.55181	1.55393	1.55604	1.55814	1.56025	1.56235	1.56444	1.56653
4.8	1.56862	1.57070	1.57277	1.57485	1.57691	1.57898	1.58104	1.58309	1.58515	1.58719
4.9	1.58924	1.59127	1.59331	1.59534	1.59737	1.59939	1.60141	1.60342	1.60543	1.60744
5.0	1.60944	1.61144	1.61343	1.61542	1.61741	1.61939	1.62137	1.62334	1.62531	1.62728

索　引

【著者紹介】

吉田耕作（よしだ こうさく）

カリフォルニア州立大学名誉教授，ジョイ・オブ・ワーク推進協会理事長。1962 年早稲田大学第一商学部卒，75 年ニューヨーク大学でデミング博士，モルゲンシュテルン博士に統計学を学び，Ph.D.（博士号）を取得。75 年からカリフォルニア州立大学で教鞭をとる。2001 年から 07 年まで青山学院大学大学院国際マネジメント研究科教授。

1986 年から 93 年まで米国最大のセミナーとなったデミング 4 日間セミナー「質と生産性と競争力」でデミング博士の助手を務めた。その間に書いた "Deming Management Philosophy: Does It Work in the U.S. as Well as in Japan?"（*Columbia Journal of World Business*）という論文はデミング博士より「この分野で最優秀な論文」と評価され，それ以来 *Emerald Management Reviews* 誌の Accreditation Board Member 他 4 つの学術誌の Board member となり，米国で広く名前が認識された。その結果，世界で数少ないデミング・マスターになった。統計的な考え方をベースとして，米国連邦政府，カリフォルニア州政府，ヒューズ航空機，メキシコ石油公社，NTT コムウェア，NTT データ，NEC，キヤノンマーケティングジャパンなどを指導。著書に『国際競争力の再生』（日科技連出版社）『経営のための直感的統計学』『直感的統計学』『ジョイ・オブ・ワーク—組織再生のマネジメント』『統計的思考による経営』（以上，日経 BP）などがある。ホームページ：http://joy-of-work.com/

全体観をつかむ多変量解析

Holistic Approach to Multivariate Statistical Analysis

2023 年 5 月 15 日　初版 1 刷発行

著　者　吉田耕作　ⓒ 2023

発行者　南條光章

発行所　**共立出版株式会社**

〒112–0006
東京都文京区小日向 4–6–19
電話　03–3947–2511（代表）
振替口座　00110–2–57035
www.kyoritsu-pub.co.jp

印　刷　藤原印刷
製　本

一般社団法人
自然科学書協会
会員

検印廃止
NDC 417

ISBN 978–4–320–11483–8

Printed in Japan